"十三五"普通高等教育本科规划教材

环境工程微生物实验技术

主　　编　徐爱玲

副主编　宋志文

编　　写　夏文香　孙好芬　谢经良

U0381703

中国电力出版社
CHINA ELECTRIC POWER PRESS

内 容 提 要

本书为"十三五"普通高等教育本科规划教材，包括基础微生物学实验技术、现代微生物学实验技术、环境微生物检测与评价技术、污染物微生物处理与资源化综合实验技术四方面的内容。书中配有大量实际操作图例，具有可读性和实用性。

本书力图实现让学生在了解、掌握常用环境微生物实验原理和基本操作技能的基础上，通过相关综合设计实验来达到提高实验实际操作和设计的能力。

本书主要作为高等院校环境工程、环境科学、环境监测、生物和给排水等专业的教材，也可供相关专业的科学技术人员参考。

图书在版编目（CIP）数据

环境工程微生物实验技术/徐爱玲主编．—北京：中国电力出版社，2017.3
"十三五"普通高等教育本科规划教材
ISBN 978 - 7 - 5198 - 0253 - 0

Ⅰ.①环… Ⅱ.①徐… Ⅲ.①环境微生物学－实验－高等学校－教材 Ⅳ.①X172 - 33
中国版本图书馆 CIP 数据核字（2016）第 314061 号

出版发行：中国电力出版社
地　　址：北京市东城区北京站西街 19 号（邮政编码 100005）
网　　址：http://www.cepp.sgcc.com.cn
责任编辑：熊荣华　（010—63412543）
责任校对：马　宁
装帧设计：张俊霞　赵姗杉
责任印制：吴　迪

印　　刷：北京天宇星印刷厂
版　　次：2017 年 3 月第一版
印　　次：2017 年 3 月北京第一次印刷
开　　本：787 毫米×1092 毫米　16 开本
印　　张：9.5
字　　数：230 千字
定　　价：30.00 元

前　言

　　环境工程微生物学重点研究污染环境中的微生物学，是环境科学中的一个重要分支。它主要以微生物学科的理论与技术为基础，研究自然环境中的微生物群落、结构、功能与动态；研究微生物对不同环境中的物质转化及能量变迁的作用与机理，进而考察其对环境质量的影响；研究微生物与污染环境的相互关系，特别是如何利用微生物有效降解日趋严重的多种多样的环境污染物，为解决全世界环境污染问题提出一些有效、可持续发展的方法和技术及理论基础。环境工程微生物实验技术是环境工程、环境科学、环境监测等专业本科生的专业基础实验课。掌握必要的环境工程微生物实验技术对于认识和理解环境工程微生物学的相关理论，以及从事环境和相关专业的研究工作具有重要意义。

　　目前环境工程微生物学实验教材较少，而微生物技术在环境领域的地位又日益突出，因此编者在环境工程微生物本科实验教学及总结前人的经验基础上完成了本教材的编写。全书共分为四章，其中第一章介绍基础微生物学实验技术，包括十个实验；第二章介绍现代微生物学实验技术，包括十个实验；第三章介绍环境微生物检测与评价实验技术，包括十个实验；第四章介绍污染物微生物处理与资源化综合实验技术，包括六个实验。

　　限于编者水平，加上时间仓促，书中难免存在疏漏和不妥之处，敬请读者批评指正。

编　者

2016 年 10 月于青岛理工大学

目　录

第一章 基础微生物学实验技术

实验一 微生物形态和结构观察

一、实验目的

1. 了解普通光学显微镜的构造、基本原理、维护及保养方法；
2. 学习并掌握普通光学显微镜的正确使用方法；
3. 掌握使用油镜观察细菌形态的基本技术。

二、实验原理

1. 显微镜的基本结构

普通光学显微镜是利用目镜和物镜两组透镜系统来放大物像的，由一组光学系统和支持及调节光学系统的机械系统组成（见图1-1）。

（1）光学系统：包括目镜、物镜、聚光器、反光镜、滤光片、虹彩光圈等，较好的显微镜有内光源。

（2）机械系统：包括镜筒、物镜转换器、载物台、镜臂、镜座及调节器（粗准焦螺旋、细准焦螺旋）等。

2. 显微镜的光学原理

成像原理（光路）：光源→虹彩光圈→聚光器→通光孔→标本→物镜→镜筒→目镜→人眼

3. 油镜工作原理

（1）增加照明强度。油镜与其他物镜的不同之处在于载玻片与接物镜之间的介质不是空气，而是与玻璃折射率（$n=1.55$）相仿的镜油（通常选用香柏油，其折射率$n=1.52$）。当光线通过载玻片后，可以直接通过香柏油进入物镜，几乎不发生折射（见图1-2），增加了视野的进光量，从而使物像更加清晰。

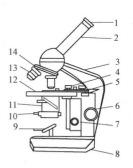

图1-1 显微镜的结构
1—目镜；2—镜筒；3—镜臂；
4—标本移动器；5—粗动限位器；
6—粗调节器；7—细调节器；
8—底座；9—反光镜；
10—聚光器孔径光圈；11—聚光器；
12—镜台（载物台）；13—物镜；
14—物镜转换器

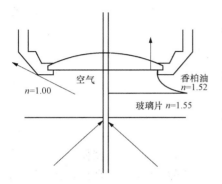

图1-2 干燥系物镜与油浸系物镜光线通路

空气 $n=1.00$　香柏油 $n=1.52$　玻璃片 $n=1.55$

（2）增加显微镜的分辨率。显微镜的放大倍数＝接物镜放大倍数×接目镜放大倍数。

显微镜的分辨率：表示显微镜辨析两点之间距离的能力。可用公式表示为

$$D = \lambda / 2n \cdot \sin(\alpha/2)$$

式中　D——物镜分辨出物体两点间的最短距离，D值越小，分辨率越高，看到的物像越清晰；

λ——可见光的波长（$0.4 \sim 0.77\mu m$，平均$0.555\mu m$）；

n——物镜和被检标本间介质的折射率；

α——镜口角（即光线入射角，最大为$120°$，见图1-3）。

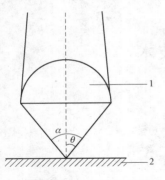

图 1-3　物镜的光线入射角
1—物镜前透镜；2—载玻片；
α—镜口角；θ—镜口角的半数

油镜的透镜很小，光线通过玻片与油镜头之间的空气时，因从一个介质（玻璃）进入到另一折射率不同的介质即空气（折射率为 1.0）而引起折射或全反射使射入透镜的光线减少，造成亮度不够而观察不清。若在油镜与载玻片之间加入和玻璃的折射率（1.55）相近似的香柏油（折射率 1.52），则使进入透镜的光线增多，视野亮度增强，使物像明亮清晰。由于细菌体积微小，故在细菌的形态学研究中，经常需要借助显微镜油镜，才能比较清楚地进行观察。因此，必须熟练地掌握油镜的使用及保护方法。

三、实验材料

1. 菌种

大肠杆菌（Escherichia coli）、枯草芽孢杆菌（Bacillus subti-lis）、蜡样芽孢杆菌（Bacillus cereus）、金黄色葡萄球菌（Staphylococcus aureus）、乳杆菌（Lactobacillus）、变形杆菌（Proteus bacillus vulgaris）等细菌染色片。

2. 溶液或试剂

香柏油、乙醇—乙醚（V∶V＝3∶7）混合液。

3. 仪器或其他用具

普通光学显微镜、擦镜纸等。

四、实验步骤

普通光学显微镜的使用流程：

取镜→安置→调光源→调目镜→调聚光器→镜检（低倍镜→高倍镜→油镜）→清洁物镜镜头→复原。

1. 观察前的准备

（1）显微镜的安置。拿显微镜时，应一手握镜臂，一手托镜座，置于平整的实验台上，镜座距实验台边缘 3～4cm，使用前先熟悉显微镜的结构和性能。检查各部分零件是否齐全，镜身有无尘土，镜头是否洁净。镜检时姿势要端正。

（2）调节光源。安装在镜座内的光源灯可通过调试电压以获得适当的照明亮度。开闭光圈，调节光线强弱，直至视野内得到最均匀最适宜的亮度为止。

（3）调节双筒显微镜的目镜。双筒显微镜的目镜间距可以根据使用者的个人情况适当调节。

（4）聚光器数值孔径值的调节。调节聚光器虹彩光圈值与物镜的数值孔径值相符或略低。

2. 显微镜观察

物镜的使用：先低倍、后高倍、再油镜。

调焦的规律：由上而下，勿使物镜镜头碰触玻片，以免损坏物镜。

（1）低倍镜观察。将标本玻片置于载物台上，用标本夹夹住，移动推进器使观察对象处在物镜的正下方，下降 10× 物镜，使其接近标本，先用粗调节器（粗准焦螺旋）将载物台升至最高，再缓慢下降直至出现图像后再用细调节器（细准焦螺旋）调节图像至清晰。通过标本夹推进器慢慢移动玻片，认真观察标本各部位，找到合适目的物，仔细观察。

（2）高倍镜观察。在低倍镜下找到合适的观察目标并将其移至视野中心后转动物镜转换器将高倍镜移至工作位置，对聚光器光圈及视野进行适当调节后微调细调节器使物像清晰，利用推进器移动标本仔细观察并记录。

（3）油镜观察。在高倍镜下找到合适的观察目标将其移至视野中心，将高倍镜转离工作位置，在待观察的样品区域滴上一滴香柏油，将油镜转到工作位置，油镜镜头此时应正好浸泡在镜油中。将聚光器升至最高位置并开足光圈，保证其达到最大的效能。调节照明使视野的亮度合适，微调细调节器使物像清晰，利用推进器移动标本仔细观察并记录所观察到的结果。

使用油镜观察染色标本时，光线宜强，可将光圈开大，聚光器上升到最高，光线调至最强。

注意：转换物镜时，不可使高倍镜经过滴有镜油的区域。

3. 显微镜用毕后的处理

（1）上升镜筒，取下玻片。

（2）用擦镜纸擦去镜头上的香柏油，然后用擦镜纸蘸少许乙醇—乙醚（V：V＝3：7）混合溶液擦去镜头上残留的油迹，然后再用干净的擦镜纸擦去残留的清洗液。

（3）用擦镜纸清洁其他物镜和目镜，用绸布清洁显微镜的金属部件。

（4）将各部分还原，将光源灯亮度调至最低后关闭，将最低放大倍数的物镜转到工作位置；同时将载物台降低到最低位置，并降下聚光灯。

4. 显微镜保养和使用中的注意事项

（1）不准擅自拆卸显微镜的任何部件，以免损坏。

（2）目镜和物镜镜面只能用擦镜纸擦，而不能用手指或粗布去擦，以保证其光洁度。

（3）观察标本时，必须依次用低、中、高倍镜，最后用油镜。若已使用过油镜，则不要再用高倍镜，以免镜油污染镜头难以清洁。当目视接目镜时，特别在使用油镜时，切不可使用粗调节器，以免压碎玻片损伤镜面。

（4）拿显微镜时，一定要右手拿镜臂、左手托镜座，不可单手拿，更不可倾斜拿。

（5）显微镜应存放在阴凉干燥处，以免镜片滋生霉菌而腐蚀镜片。

五、实验记录

绘出所观察微生物的形态图，描述所观察微生物的特征，标明菌名（中文及拉丁文名称）、放大倍数、菌体形状、颜色、有无芽孢、排列方式等。

结果记录：

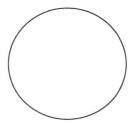

菌名（拉丁文）：＿＿＿＿＿＿＿＿＿＿＿＿＿＿＿＿＿＿＿＿＿＿＿＿＿＿＿

观察物镜：＿＿＿＿＿＿＿＿＿＿＿＿＿＿＿　放大倍数：＿＿＿＿＿＿＿＿＿＿＿＿＿

菌体形状：＿＿＿＿＿＿＿＿＿＿＿＿＿＿＿　排列方式：＿＿＿＿＿＿＿＿＿＿＿＿＿

颜色：＿＿＿＿＿＿＿＿＿＿＿＿＿＿　　有无芽孢：＿＿＿＿＿＿＿＿＿＿＿＿

六、思考题

1. 用油镜观察时应该注意哪些问题？在载玻片和镜头之间滴加香柏油有什么作用？
2. 什么是物镜同焦现象？它在显微镜观察中有什么意义？
3. 影响显微镜分辨率的因素有哪些？

实验二　细菌的革兰氏染色

一、实验目的

1. 学习微生物涂片、染色的基本技术，掌握细菌的革兰氏染色法；
2. 了解革兰氏染色的原理及其在细菌分类学上的意义；
3. 了解芽孢、荚膜和鞭毛染色的原理和技术；
4. 初步认识细菌的形态特征。

二、实验原理

单染色法：只用一种染色剂进行染色，只能观察微生物的大小、形状和细胞排列状况，不能鉴别微生物及它的特殊构造等。由于菌体极小，折射率低，在显微镜下不容易看清，将其染色使菌体和背景之间反差增大，折射率增强，就容易看清。

复染色法：用两种或两种以上染色剂进行染色，有协助鉴别微生物的作用，故也称鉴别染色法。

1. 革兰氏染色法

革兰氏染色法是一种鉴别性的染色方法，基本步骤为：先用初染剂结晶紫进行初染，再用碘液媒染，然后用乙醇（或丙酮）脱色，最后用复染剂番红复染。结果细胞保留初染剂蓝紫色的细菌，则为革兰氏阳性菌；细胞为复染剂红色的细菌，则为革兰氏阴性菌。其机理是由于细菌细胞壁的化学组成及结构和通透性不同的缘故。

G^-菌肽聚糖层较薄，交联度低，含较多脂质，故用乙醇等有机溶剂脱色时类脂质溶解，增加了细胞的通透性，使初染的结晶紫—碘的复合物易于渗出，经番红或沙黄复染呈红色。

G^+菌细胞壁结构致密，用脱色剂处理后，肽聚糖层孔径缩小，通透性降低，故细菌仍保留初染时的紫色。

细菌的革兰氏染色受菌龄、培养基 pH 值和染色技术等因素的影响，并非固定不变。

2. 芽孢、荚膜、鞭毛染色技术

芽孢具有厚而致密的壁，通透性差，含水量低，折光性强，不易着色。在加热条件下加入着色力强的染色剂，让芽孢、菌体与染色剂作用较长时间，使芽孢染上颜色，再使菌体的颜色脱去；然后再用另一种与前者颜色不同的对比度强的染色剂对菌体进行复染，使芽孢和菌体分别呈现出不同的颜色，因而能更明显地衬托出芽孢，以便观察。

荚膜是一层覆盖在某些细菌细胞壁表面的黏性物质，主要成分是多糖类。荚膜与染色剂的亲和力较差，不易着色。荚膜的通透性好，某些染色剂可透过荚膜而使菌体着色。因此，常采用复染色法将菌体和背景着色而荚膜不着色，因而荚膜在菌体周围呈一透明无色圈。

　　细菌鞭毛非常纤细，直径 10～20nm，只能在电子显微镜下才能观察到。但采用特殊的染色法在光学显微镜下也能见到。其原理是：在染色前先用媒染剂处理，使媒染剂沉积在鞭毛上，将鞭毛加粗，然后再进行染色，便能在油镜下看见鞭毛的形状和着生方式。

三、实验材料

1. 菌种

酵母菌（Yeast）、放线菌（Actinomycete）18～24h 营养琼脂斜面培养基。

2. 染色液和试剂

结晶紫染色液：A 液结晶紫 2.0g，95％乙醇 20mL；B 液草酸铵 0.8g，蒸馏水 80mL。将 A 和 B 充分溶解后混合静置 24h 过滤使用。

革氏碘液：碘 1g，碘化钾 2g，蒸馏水 300mL。

番红染色液：2.5％番红的乙醇溶液 10mL，蒸馏水 100mL，混合过滤。

脱色液：95％乙醇。

乙醇—乙醚（V：V＝3：7）混合液、香柏油、生理盐水等。

3. 仪器和其他用具

普通光学显微镜、载玻片、盖玻片、接种针（环）、擦镜纸、酒精灯、吸水滤纸、火柴、玻璃铅笔、玻片夹或镊子等。

四、实验步骤

1. 涂片

（1）取一片洁净的载玻片，将其在火焰上微微加热，除去上面的油脂，冷却，在中央部位滴加一小滴无菌水，用接种环在火焰旁从培养 24h 的斜面上挑取少量菌体与水混合；烧去环上多余的菌体后，再用接种环将菌体涂成直径约 1cm 的均匀薄层。制片是染色的关键，载玻片要洁净，不得沾污油脂，菌体才能涂布均匀。

注意：初次涂片，取菌量不应过大，以免造成菌体重叠。

（2）三区混合涂片法：在玻片的左右端各加一滴水，用无菌接种环挑少量金黄色葡萄球菌或枯草芽孢杆菌（A 菌）与左边水滴充分混合成仅有金黄色葡萄球菌的区域，并将少量的菌液延伸至玻片的中央；再用无菌的接种环挑少量大肠杆菌（B 菌）与右边水滴充分混合成仅有大肠杆菌的区域，并将少量大肠杆菌菌液延伸至玻片中央，在中央区域形成含有两种细菌的混合菌区，如图 2-1 所示。

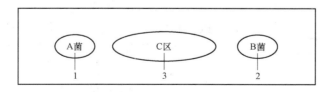

图 2-1　三区涂片法示意图

1—金黄色葡萄球菌或其他革兰氏阳性菌；2—大肠杆菌；3—AB 两菌混合区

2. 干燥

涂布后，待其自然干燥。

3. 固定

将已干燥的涂片标本面向上，在微火上通过 3～4 次进行固定。固定的作用是为杀死细菌，使蛋白质凝固，菌体牢固黏附于载玻片上，染色时不易被染液或水冲掉，增加菌体对染色剂的结合力，使涂片易着色。

4. 染色

在涂片处滴加结晶紫染色液1～2滴，使其布满涂菌部分，染色1min。斜置载玻片，倾去染色液后用水轻轻冲去染色液至流水变清。注意水流不得直接冲在涂菌处，以免将菌体冲掉。

5. 媒染

滴加革氏碘液冲去残水，并用碘液覆盖1min，用水冲去碘液。

6. 乙醇脱色

斜置载玻片于一烧杯上，滴加95%乙醇，轻轻摇动载玻片，至乙醇液不呈现紫色时停止（约0.5min）；立即用水冲净乙醇并用滤纸轻轻吸干。脱色是革兰氏染色的关键，必须严格掌握乙醇的脱色程度。若脱色过度则阳性菌被误染为阴性菌，而脱色不够时阴性菌被误染为阳性菌。

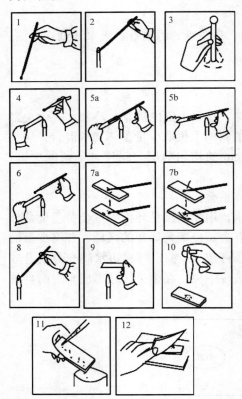

图2-2　细菌染色标本制作及染色过程
1—取接种环；2—灼烧接种环；3—摇匀菌液；
4—灼烧管口；5a—从菌液中取菌（或5b从斜面菌种中取菌）；6—取菌毕，再灼烧管口，加塞；
7a—将菌液直接涂片（或7b从斜面菌种中取菌与玻片上水滴混匀涂片）；8—烧去接种环的残菌；9—固定；10—染色；11—水洗；12—吸干

7. 复染

番红染色液复染1min后水洗。

8. 吸干并镜检

用滤纸轻轻吸干载玻片上的水分，干燥后镜检。G^+菌呈蓝紫色，G^-菌呈红色。在研究工作中要确证未知菌的革兰氏反应时，则需要同时用已知菌进行染色作为对照。

图2-2为细菌染色标本制作及染色过程示意图。

简单染色法步骤：涂片→干燥→固定→染色→水洗→吸干→镜检。

革兰氏染色法步骤：涂片→干燥→固定→结晶紫初染→水洗→碘液媒染→水洗→95%乙醇脱色→水洗→番红复染→水洗→吸干→镜检。

9. 注意事项

（1）涂片不宜过厚，勿使细菌密集重叠影响脱色效果，否则脱色不完全会造成假阳性。镜检时应以视野内均匀分散细胞的染色反应为标准。

（2）火焰固定不宜过热，以玻片不烫手为宜，否则菌体细胞易变形。

（3）滴加染色液与酒精时一定要覆盖整个菌膜，否则部分菌膜未受处理，亦可造成假象。

（4）乙醇脱色是革兰氏染色操作的关键环节。如脱色过度，则G^+菌被误染成G^-菌；如脱色不足，G^-菌被误染成G^+菌。在染色方法正确无误前提下，如菌龄过长，死亡或细胞壁受损伤的G^+菌也会呈阴性反应，故革兰氏染色要用活跃生长期的幼龄培养菌。

五、实验记录

1. 记录所观察到的 3 种细菌革兰氏染色结果。

2. 按比例大小绘出显微镜下 3 种细菌的形态。

结果记录：

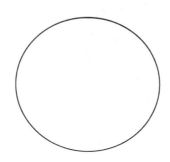

菌名（含拉丁文名称）：＿＿＿＿＿＿＿＿＿＿＿＿＿＿＿＿＿

观察物镜：＿＿＿＿＿＿＿＿＿＿＿＿＿　放大倍数：＿＿＿＿＿＿＿＿

菌体形状：＿＿＿＿＿＿＿＿＿＿＿＿＿　颜色：＿＿＿＿＿＿＿＿

革兰氏阴性/阳性：＿＿＿＿＿＿＿＿＿＿

六、思考题

1. 要得到正确的革兰氏染色结果必须注意哪些操作？关键是哪一步？为什么？

2. 现有一株未知杆菌，个体明显大于大肠杆菌，请你鉴定该菌是革兰氏阳性还是革兰氏阴性，如何确定你的染色结果的正确性？

3. 为什么要选用培养 18～24h 菌龄的细菌？

实验三　显微镜测微技术和微生物显微镜直接计数

一、实验目的

1. 学习掌握目镜测微尺的标定及显微镜下测量微生物细胞大小的方法；

2. 了解血球计数板的构造，明确其计数原理；

3. 学习掌握使用血球计数板进行微生物细胞或孢子计数的方法。

二、实验原理

1. 测微技术

微生物细胞的大小，是微生物重要的形态特征之一，也是分类鉴定的依据之一。由于菌体很小，只能在显微镜下来测量。用于测量微生物细胞大小的工具有目镜测微尺和镜台测微尺。目镜测微尺是一块圆形玻片，其中央刻有精确等分的刻度，有刻成为 50 等分的，有刻成 100 等分的。

显微镜下的细胞物像是经过了物镜、目镜两次放大成像后才进入视野的。即目镜测微尺上刻度的放大比例与显微镜下细胞的放大比例不同，只是代表相对长度，所以使用前须用置于镜台上的镜台测微尺校正，以求得在一定放大倍数下实际测量时的每格长度。镜台测微尺是中央刻有精确等分线的一块载玻片，一般将 1mm 等分为 100 格，每格长 0.01mm（即 10μm），如图 3-1 所示。

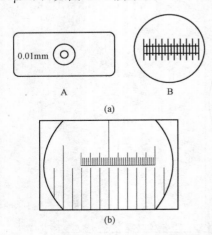

图 3-1　用镜台测微尺校正目镜测微尺

（a）镜台测微尺 A 及其中央部分的放大 B；

（b）镜台测微尺校正目镜测微尺时的情况

中微生物细胞的数量。

2. 直接计数

测量微生物数量的方法有很多，通常采用的有显微镜直接计数法、平板计数法、细胞和原生质体总量计测法等。将小量待测样品的悬液置于一种特别的具有确定面积和容积的载玻片上，这种载玻片又称血球计数板（见图 3-2），其是在显微镜下直接计数的一种简便、快速、直观的方法。

血球计数板上刻有一长宽各为 1mm 的方形大格，其体积为 0.1mm³。计数板有两种刻度，一种是每大格分为 16 个中格，而每中格又分 25 个小格，每大格为 400＝16×25 小格；而另一种，则是每大格分为 25 个中格，而每中格又分为 16 个小格，则每大格为 400＝25×16 小格（计数板上的标识为 XB·K25），如图 3-3 所示。使用血球计数板直接计数时，要先测定每个小方格中微生物的数量，再换算成每毫升菌液（或每克样品）中微生物细胞的数量。

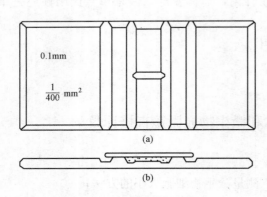

图 3-2　血球计数板的构造

（a）平面图（中间平台分为两半，各刻有一个方格网）；

（b）侧面图（中间平台与盖玻片之间有高度为 0.1mm 的间隙）

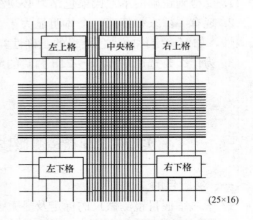

图 3-3　血球计数板计数网的分格

三、实验材料

1. 菌种

酵母菌（Yeast），枯草芽孢杆菌（Bacillus subtilis）。

2. 溶液或试剂

酵母菌悬液、香柏油、擦镜液。

3. 仪器或其他用具

光学显微镜、擦镜纸、血球计数板、载玻片、盖玻片、目镜测微尺、镜台测微尺、无菌毛细滴管。

四、实验步骤

1. 微生物细胞大小的测定

（1）目镜测微尺的安装。把目镜的上透镜旋开，将目镜测微尺轻轻放在目镜的隔板上，使有刻度的一面朝下。旋上目镜透镜，再将目镜插入镜筒内（见图3-4）。

（2）校正目镜测微尺。将镜台测微尺放在显微镜的载物台上，使有刻度的一面朝上。先用低倍镜观察，调焦距，待看清镜台测微尺的刻度后，转动目镜，使目镜测微尺的刻度与镜台测微尺的刻度相平行，利用推进器移动镜台测微尺，使两尺在某一区域内两线完全重合，然后分别数出两重合线之间镜台测微尺和目镜测微尺所占的格数（见图3-1）。用同样的方法换成高倍镜和油镜进行校正，分别测出在高倍镜和油镜下两重合线之间两尺分别所占的格数。

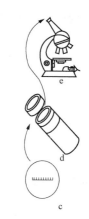

图3-4　目镜测微尺及镜台测微尺的装置方法

由于已知镜台测微尺每格长 $10\mu m$，根据下列公式即可分别计算出在不同放大倍数下，目镜测微尺每格所代表的长度。

$$目测微尺每小格长度（\mu m）=\frac{两重合线间物镜测微尺所占的格数}{两重合线间目镜测微尺所占的格数}×10$$

（3）菌体大小的测定。换上菌体标本片，先在低倍镜下找到目的物，然后在高倍镜、油镜下转动目镜测微尺，测出菌体的长、宽各占几格（不足一格的部分估读一位小数），测出的格数乘以目镜测微尺每格的长度，即等于该菌的大小，一般测量菌的大小要在同一涂片上测定至少10个以上菌体，求出平均值，才能代表该菌的大小，而且一般是用对数生长期的菌体进行测定。

2. 微生物的直接计数

（1）无菌生理盐水适当稀释制备酵母菌悬液。

（2）镜检血球计数板。

（3）加样品。血球计数板盖上盖玻片，将酵母菌悬液摇匀，用无菌滴管吸取少许，从计数板平台两侧的沟槽内沿盖玻片的下边缘滴入一滴，利用表面张力沟槽中流出多余的菌悬液。加样后静置5min，使细胞或孢子自然沉降。

（4）将加有样品的血球计数板置于显微镜载物台上，先用低倍镜找到计数室所在位置，然后换成高倍镜进行计数。若发现菌液太浓或太稀，需重新调节稀释度后再计数。一般样品稀释度要求每小格内有5~10个菌体为宜。每个计数室选5个中格（可选四个角和中央的一个中格）中的菌体进行计数。若有菌体位于格线上，则计数原则为计上不计下，计左不计右。如遇酵母出芽，芽体大小达到母细胞的一半时，即作为两个菌体计数。计数一个样品要从两个计数室中计得的平均数值来计算样品的含菌量。

$$细胞数=A/5×25×1/0.000\ 1×B$$

式中　A——5个格中的菌数；

　　　B——菌液本身的稀释度。

要特别注意的是，加酵母菌液时，量不应过多，不能产生气泡。由于酵母菌菌体无色透明，计数观察时应仔细调节光线，用吕氏碱性美蓝染色液处理酵母菌液。美蓝是一种弱的氧化剂，还原后变成无色，酵母细胞死活的鉴别就是利用美蓝的这一特性。活的酵母细胞由于新陈代谢的不断进行，能将美蓝还原，而死的酵母细胞则不能，染色需严格控制时间。

（5）清洗。使用完毕后，对血球计数板及盖玻片进行清洗、干燥，放回盒中，以备下次使用。

3. 注意事项

（1）镜台测微尺的玻片很薄，在标定油镜镜头时，要格外注意，以免压碎镜台测微尺或损坏镜头。

（2）一般用对数生长期的菌体进行测量，此时菌体的生长情况较为一致。

（3）计数板使用完毕后，用自来水冲洗，切勿用硬物洗刷；洗后风干，镜检计数室内无残留菌体或其他沉淀物即可，否则须重新洗干净。

（4）计数室内不可有气泡，如有气泡应重做，因为有气泡后会使计数体积有较大的误差，影响计数结果的准确性。

（5）为了减少误差，应避免重复或遗漏，凡在方格线上的菌体，只数底线及一侧线上的菌体。

五、实验记录

记录相关数据，填写表 3-1～表 3-3。

表 3-1　　　　　　　　　　目镜测微尺校正结果表

物镜	物镜倍数	目镜测微尺格数	镜台测微尺格数	目镜测微尺每格代表长度（μm）
低倍镜	×10			
高倍镜	×40			
油镜	×100			

表 3-2　　　　　　　　　　各菌测定结果表

名称	目镜测微尺每格代表的长度（μm）	宽		长		菌体大小（μm×μm）
		目镜测微尺平均格数	宽度（μm）	目镜测微尺平均格数	长度（μm）	
枯草芽孢杆菌						
酵母菌						

表 3-3　酵母菌显微计数结果表（A 表示 5 个中格中总菌数，B 表示菌液稀释倍数）

菌种	各中格菌数					A	B	菌数/mL
	1	2	3	4	5			
酵母菌								

六、思考题

1. 为什么更换不同放大倍数的目镜或物镜时，必须用镜台测微尺重新对目镜测微尺进行校正？

2. 在不改变目镜和目镜测微尺，而改用不同放大倍数的物镜来测定同一细菌的大小时，其测定结果是否相同？为什么？

3. 哪些因素会造成血球计数板的计数误差？应如何避免？

实验四　培养基的制备及消毒

一、实验目的
1. 学习掌握配制培养基的原理；
2. 通过对几种培养基的配制，掌握配制培养基的一般方法和步骤；
3. 了解干热灭菌、高压蒸汽灭菌、紫外线灭菌和微孔滤膜过滤除菌的原理和应用范围；
4. 学习干热灭菌、高压蒸汽灭菌、紫外线灭菌和微孔滤膜过滤除菌的操作技术。

二、实验原理
培养基是人工配制的适合微生物生长繁殖或积累代谢产物的营养基质，用以培养、分离、鉴定、保存各种微生物或积累代谢产物。在自然界中微生物种类繁多，营养类型多样，加之实验和研究的目的不同，所以培养基的种类很多。但是，不同种类的培养基中，一般都应含有水分、碳源、氮源、无机盐和生长因子等。不同微生物对 pH 要求不一样，霉菌和酵母菌培养基的 pH 值一般是偏酸性的，细菌和放线菌培养基的 pH 值一般为中性或微碱性（嗜碱细菌和嗜酸细菌例外）。所以配制培养基时，要根据不同微生物的要求将培养基 pH 调到合适的范围。

本实验通过配制适用一般细菌、放线菌和真菌的 3 种培养基来了解和掌握配制培养基的基本原理和方法。培养细菌一般用牛肉膏蛋白胨培养基，这是一种应用十分广泛的天然培养基，其中的牛肉膏为微生物提供碳源、磷酸盐和维生素，蛋白胨主要提供氮源和维生素，而 NaCl 提供无机盐。高氏 I 号培养基是用来培养和观察放线菌形态特征的合成培养基，如果加入适量的抗菌药物（如各种抗生素、酚等），则可用来分离各种放线菌。此合成培养基的主要特点是含有多种化学成分已知的无机盐，这些无机盐可能相互作用而产生沉淀。如高氏 I 号培养基中磷酸盐和镁盐相互混合时易产生沉淀。因此，在混合培养基成分时，一般是按配方的顺序依次溶解各成分，甚至有时还需将两种或多种成分分别灭菌，使用时再按比例混合。此外，合成培养基有的还要补加微量元素，如高氏 I 号培养基中的 $FeSO_4 \cdot 7H_2O$ 的用量只有 0.001%，因此在配制培养基时需预先配成高浓度的 $FeSO_4 \cdot 7H_2O$ 储备液，然后再按需加一定的量到培养基中。马丁氏培养基是一种用来分离真菌的选择性培养基。此培养基是由葡萄糖、蛋白胨、KH_2PO_4、$MgSO_4 \cdot 7H_2O$、孟加拉红（玫瑰红，Rose Bengal）和链霉素等组成，其中葡萄糖主要作为碳源，蛋白胨主要作为氮源，KH_2PO_4、$MgSO_4 \cdot 7H_2O$ 作为无机盐，为微生物提供钾、磷、镁离子。培养基中加入的孟加拉红和链霉素能有效抑制细菌和放线菌的生长，而对真菌无抑制作用，因此真菌在这种培养基上可以得到优势生长，从而达到分离真菌的目的。培养基配好后，用稀酸或稀碱将其 pH 调至所需酸碱度或自然 pH。在配制固体培养基时还要加入一定量琼脂做凝固剂。

此外，在微生物实验中，需要进行纯培养，不能有任何杂菌污染，因此对所用器材、培养基和工作场所都要进行严格的消毒和灭菌。消毒（disinfection）和灭菌（sterilization）两者意义有所不同。消毒一般是指消灭病原菌和有害微生物的营养体而言，灭菌则是指杀灭一切微生物的营养体，包括芽孢和孢子。根据不同的使用要求和条件，选用合适的消毒和灭菌方法。本实验主要采用高压蒸汽灭菌法。

高压蒸汽灭菌是将需要灭菌的物品放在一个密闭的加压灭菌锅内，通过加热，使灭菌锅套间的水沸腾而产生蒸汽。待水蒸气急剧地将锅内的冷空气从排气阀中驱尽，然后关闭排气阀，继续加热，此时由于蒸汽不能排出，从而增加了灭菌器内的压力，进而使沸点增高，得到高于100℃的温度，最终使菌体蛋白质凝固变性而达到灭菌的目的。

三、实验材料

1. 溶液或试剂

牛肉膏、蛋白胨、NaCl、可溶性淀粉、KNO_3、$K_2HPO_4 \cdot 3H_2O$、$MgSO_4 \cdot 7H_2O$、$FeSO_4 \cdot 7H_2O$、KH_2PO_4、葡萄糖、孟加拉红（1%的水溶液）、链霉素（1%的水溶液）、1mol/L NaOH 溶液、1mol/L HCl 溶液。

2. 仪器或其他用具

试管、三角瓶、烧杯、量筒、玻璃棒、培养皿及培养皿盒、培养基分装器、分装架、天平、牛角匙、高压蒸汽灭菌锅、pH试纸、棉花、牛皮纸或报纸、称量纸、纱布、线绳、记号笔等。

四、实验步骤

1. 牛肉膏蛋白胨培养基的制备

培养基的配方如下：

牛肉膏	3.0g
蛋白胨	10.0g
NaCl	5.0g
水	1000mL
pH值	7.4~7.6

（1）称量（假定配制1000mL培养基）。按培养基配方比例依次准确地称取牛肉膏、蛋白胨、NaCl放入烧杯中。其中，牛肉膏常用玻璃棒挑取，放在小烧杯或表面皿中称量，用热水溶化后倒入烧杯；也可放在称量纸上，称量后直接放入水中，这时如稍微加热，牛肉膏便会与称量纸分离，然后立即取出纸片。

注意： 蛋白胨很容易吸湿，所以在称取时动作要迅速。另外，称量时严防药品混杂。一把牛角匙只用于一种药品，或称取一种药品后，洗净、擦干，然后再称取另一药品。瓶盖也不要盖错。

（2）溶化。在上述烧杯中先加入少于所需要的水量（约700mL），用玻棒搅匀，然后在石棉网上加热使药品溶解，待药品完全溶解后，补充水到所需的总体积（1000mL）；如果配制固体培养基时，将称好的琼脂放入已溶的药品中，再加热使其溶化，最后补足所损失的水分。

注意： 在琼脂溶化过程中，应控制火力，以免培养基因沸腾而溢出容器。同时，需不断搅拌，以防琼脂糊底烧焦。制培养基时，不可用铜或铁锅进行加热溶化步骤，以免其他离子进入培养基中，影响细菌生长。

（3）调 pH 值。在未调 pH 值前，先用精密 pH 试纸测量培养基的原始 pH 值，如果偏酸，用滴管向培养基中逐滴加入 1mol/L NaOH 溶液，边加边搅拌，并随时用 pH 试纸测其 pH 值，直至 pH 值达到 7.4～7.6。反之，用 1mol/L HCl 溶液进行调节。

（4）过滤。趁热用滤纸或多层纱布过滤，以利某些实验结果的观察。有些实验可以省去此步骤（本实验即无须过滤）。

（5）分装。

1）液体分装。分装高度以试管高度的 1/4 左右为宜。分装三角瓶的装量则根据需要而定，一般以不超过三角瓶容积的一半为宜，如果是用于振荡培养用，则根据通气量的要求酌情减少；有的液体培养基在灭菌后，需要补加一定量的其他无菌成分，如抗生素等，则装量一定要准确。

2）固体分装。分装试管，其装量不超过试管高的 1/5，灭菌后制成斜面；分装三角烧瓶的装量以不超过三角烧瓶容积的一半为宜。

3）半固体分装。一般以试管高度的 1/3 为宜，灭菌后垂直待凝。

注意：分装过程中，注意不要使培养基沾在管（瓶）口上，以免沾污棉塞而引起污染。

（6）加塞。培养基分装完毕后，在试管口或三角瓶口上塞上棉塞（或硅胶塞、金属或高温塑料试管帽等），以阻止外界微生物进入培养基内造成污染，并保证有良好的通气性能。

（7）包扎。加塞后，将全部试管放入铁丝筐或用麻绳捆好，再在棉塞外包一层牛皮纸，以防止灭菌时冷凝水浸湿棉塞，其外再用一道麻绳扎好，用记号笔注明培养基名称、配制日期；三角烧瓶加塞后，外包牛皮纸，用麻绳以活结形式扎好，使用时容易解开，同样用记号笔注明培养基名称、配制日期。

（8）灭菌。将上述培养基以 0.103MPa 121℃高压蒸汽灭菌 20min。

（9）摆斜面。将灭菌的试管培养基冷至 50℃左右（以防斜面上冷凝水太多），将试管口端搁在玻璃棒或其他合适高度的器具上，搁置的斜面长度以不超过试管总长的一半为宜。

（10）无菌检查。将灭菌培养基放入 37℃的恒温箱中培养 24～48h，以检查灭菌是否彻底。

2. 高氏 I 号培养基的制备

培养基的配方如下：

可溶性淀粉	20g
NaCl	0.5g
KNO_3	1g
$K_2HPO_4 \cdot 3H_2O$	0.5g
$MgSO_4 \cdot 7H_2O$	0.5g
$FeSO_4 \cdot 7H_2O$	0.01g
琼脂	15～25g
水	1000mL
pH 值	7.4～7.6

（1）称量和溶化。按配方先称取可溶性淀粉，放入小烧杯中，并用少量冷水将淀粉调成糊状，再加入少于所需水量的沸水，继续加热，使可溶性淀粉完全溶化。然后再称取其他各成分依次溶化。对微量成分可先配成高浓度的储备液，按比例换算后再加入。方法是先在

100mL 水中加入 1g $FeSO_4 \cdot 7H_2O$，配成 0.01g/mL 储备液，再在 1000mL 培养基中加 1mL 的 0.01g/mL 储备液即可。待所有药品完全溶解后，补充水分到所需的总体积。如要配制固体培养基，其溶化过程同牛肉膏蛋白胨培养基的制备。

（2）pH 调节、分装、包扎、灭菌及无菌检查同牛肉膏蛋白胨培养基的制备。

3. 马丁氏培养基的制备

培养基的配方如下：

KH_2PO_4	1g
$MgSO_4 \cdot 7H_2O$	0.5g
蛋白胨	5g
葡萄糖	10g
琼脂	15～20g
水	1000mL
pH 值	自然

此培养液 1000mL 加 1%孟加拉红水溶液 3.3mL。临时用以无菌操作在 100mL 培养基中加入 1%的链霉素 0.3mL，使其终质量浓度为 30μg/mL。

（1）称量和溶化。按培养基配方，准确称取各成分，并将各成分依次溶化在少于所需要水量的水中。待各成分完全溶化后，补足水分到所需体积。再将孟加拉红配成 1%的溶液，在 1000mL 培养基中加入 1%的孟加拉红溶液 3.3mL，混匀后，加入琼脂加热溶化（方法同前）。

（2）分装、加塞、包扎、灭菌和无菌检查与前述相同。

（3）链霉素的加入。用无菌水将链霉素配成 1%的溶液，在 100mL 培养基中加 1%链霉素 0.3mL，使每毫升培养基中含链霉素 30μg。

注意：由于链霉素受热容易分解，所以临用时，培养基内各成分溶化后待温度降至45～50℃时才能加入。

4. 高压蒸汽灭菌法步骤

（1）加水。使用前在锅内加入适量的水，加水不可过少，以防将灭菌锅烧干，引起炸裂事故；加水过多有可能引起灭菌物积水。水面与三脚架相平为宜。

（2）装料。将需要灭菌的物品放在灭菌桶中，不要装得过满。

（3）加盖。盖好锅盖，按对称方法旋紧四周固定螺旋，打开排气阀。

（4）加热排气。加热后水蒸气与空气一起从排气孔排出，待锅内沸腾并有大量蒸汽自排气阀冒出，排出的气流很强并有嘘声时，维持 2～3min 以排除冷空气。如需要灭菌的物品较大或不易透气，应适当延长排气时间，务必使空气充分排除，然后将排气阀关闭。

（5）加压。将排气阀关闭。

（6）保压。当压力升至 0.1MPa 时，温度达 121℃，此时应注意观察，控制热源。保持压力稳定，维持 20～30min 后，切断热源。

（7）自然降压。当压力表降至"0"处，稍停，使温度继续降至 100℃ 以下后，打开排气阀，旋开固定螺旋，开盖，取出灭菌物品。

注意：切勿在锅内压力尚在"0"点以上、温度也在 100℃ 以上时开启排气阀，否则会因压力骤然降低，造成培养基剧烈沸腾冲出管口或瓶口，污染棉塞，以后培养时会引起杂菌污染。

（8）保养。灭菌完毕取出物品后，将锅内余水倒出，以保持内壁及内胆干燥，盖好锅盖。

（9）培养基无菌检查。将灭菌培养基放入 37℃的恒温箱中培养 24～48h，以检查灭菌是否彻底。

五、思考题
1. 做过本次实验后你认为在制备培养基时要注意哪些问题？
2. 灭菌在微生物学实验操作中有何重要意义？
3. 高压蒸汽灭菌时应注意哪些事项？

实验五　微生物的稀释涂布及平板计数

一、实验目的
1. 学习掌握使用无菌操作技术；
2. 学习用稀释涂布法分离、培养待测样品中的微生物；
3. 掌握用平板计数法进行微生物计数的方法。

二、实验原理
1. 微生物的稀释涂布

涂布法接种是一种常用的接种方法，就是将一定浓度、一定量的待分离菌悬液加到已凝固的培养基平板上，再用涂布棒快速地将其均匀涂布，使长出单菌落或菌苔而达到分离或计数的目的。还可以利用其在平板表面生长形成菌落的特点用于检测化学因素对微生物的抑杀效应。

2. 微生物的平板计数

平板计数法是将待测样品适当稀释之后，其中的微生物充分分散成单个细胞，取一定量的稀释样液接种到平板上，经过培养每个单细胞经生长繁殖而形成肉眼可见的菌落，即一个单菌落应代表原样品中的一个单细胞。统计菌落数，根据其稀释倍数和取样接种量即可换算出样品中的含菌数。但是，由于待测样品往往不易完全分散成单个细胞，所以，长成的一个单菌落也可能来自样品中的 2～3 个或更多个细胞，因此平板菌落计数的结果往往偏低。平板菌落计数法虽然操作较繁，结果需要培养一段时间才能取得，而且测定结果易受多种因素的影响，但是由于该计数方法的最大优点是可以获得活菌的信息，所以被广泛用于生物制品检验（如活菌制剂），以及食品、饮料和水（包括水源水）等的含菌指数或污染程度的检测。

三、实验材料
1. 菌种

大肠杆菌菌悬浮液。

2. 培养基

牛肉膏蛋白胨培养基的配方如下：

牛肉膏	3.0g
蛋白胨	10.0g
NaCl	5.0g
水	1000mL
pH 值	7.4～7.6

配制好的培养基分装好后，必须马上进行灭菌处理（高压蒸汽法）。

3. 仪器或其他用具

高压蒸汽灭菌锅、恒温培养箱、试管、培养皿、1mL 移液器、玻璃涂棒、试管架等。

四、实验步骤

1. 无菌器材的准备

（1）无菌仪器：取培养皿、1mL 移液器、玻璃涂棒，包扎、灭菌。

（2）无菌水：取 6 支试管，分别装入 4.5mL 蒸馏水，加棉塞，灭菌。

2. 样品稀释液的制备

（1）编号。取无菌培养皿 9 套，分别用记号笔标明 10^{-4}、10^{-5}、10^{-6}（稀释度）各 3 套。另取 6 支盛有 4.5mL 无菌水的试管，依次标示 10^{-1}、10^{-2}、10^{-3}、10^{-4}、10^{-5}、10^{-6}。

（2）稀释。用 1mL 移液器吸取 0.5mL 已充分混匀的大肠杆菌菌悬液（待测样品），至 10^{-1} 试管中，此即为 10 倍稀释。

将 10^{-1} 试管塞紧试管塞上下颠倒振荡，使菌液充分混匀。用 1mL 移液器在 10^{-1} 试管中来回吹吸菌悬浮液 3 次，进一步将菌体分散、混匀。混匀后吸取 0.5mL 菌悬液至 10^{-2} 试管中，此即为 100 倍稀释。其余依此类推。

注意： 吹吸菌液时不要太猛太快，吸时吸管伸入管底，吹时离开液面。

（3）平板接种培养。平板接种培养有浇注平板培养法和涂布平板培养法两种方法。此实验我们选用涂布平板培养法。

3. 涂布平板培养

（1）倒平板。向 9 个培养皿中倒入融化后冷却至 45℃ 左右的牛肉膏蛋白胨培养基，约 15mL/平皿。待凝固后按照不同稀释度编号，并于 37℃ 左右的温箱中烘烤 30min，或在超净工作台上适当吹干。

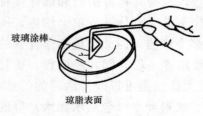

玻璃涂棒

琼脂表面

图 5-1　平板涂布操作图

（2）涂布。用无菌 1mL 移液器吸取稀释好的菌液对号接种于不同稀释度编号的平板上，并尽快用无菌玻璃涂棒将菌液在平板上涂布均匀（见图 5-1），平放于实验台上 20～30min，使菌液渗入培养基表层内，然后倒置于恒温箱中培养 24～48h。

注意： 涂布平板用的菌悬液量一般以 0.1mL 较为适宜，如果过少，菌液不易涂布开；过多则在涂布完后或在培养时菌液仍会在平板表面流动，不易形成单菌落。

4. 计数和报告

培养到时间后，计数每个平板上的菌落数。可用肉眼观察，必要时用放大镜检查，以防遗漏。在记下各平板的菌落总数后，求出同稀释度的各平板平均菌落数，计算原始样品中每克（或每毫升）中的菌落数，进行报告。

　　注意：到达规定培养时间，应立即计数。如果不能立即计数，应将平板放置于 $0\sim4℃$ 下，但不得超过 24h。计数时应选取菌落数在 $30\sim300$ 之间的平板，若有两个稀释度均在 $30\sim300$ 之间时，按国家标准方法要求应以二者比值决定，比值小于或等于 2 取平均数，比值大于 2 则取其较小数字。若所有稀释度均不在计数区间：如均大于 300，则取最高稀释度的平均菌落数乘以稀释倍数报告之；如均小于 30，则以最低稀释度的平均菌落数乘稀释倍数报告之；如菌落数有的大于 300，有的又小于 30，但均不在 $30\sim300$ 之间，则应以最接近 300 或 30 的平均菌落数乘以稀释倍数报告之；如所有稀释度均无菌落生长，则应按小于 1 乘以最低稀释倍数报告之。不同稀释度的菌落数应与稀释倍数成反比（同一稀释度的两个平板的菌落数应基本接近），即稀释倍数愈高菌落数愈少，稀释倍数愈低菌落数愈多。如出现逆反现象，则应视为检验中的差错，不应作为检样计数报告的依据。当平板上有链状菌落生长时，如呈链状生长的菌落之间无任何明显界线，则应作为一个菌落计，如存在有几条不同来源的链，则每条链均应按一个菌落计算，不要把链上生长的每一个菌落分开计数。如有片状菌落生长，该平板一般不宜采用，如片状菌落不到平板一半，而另一半又分布均匀，则可以半个平板的菌落数乘 2 代表全平板的菌落数。当计数平板内的菌落数过多（即所有稀释度均大于 300 时），但分布很均匀，可取平板的一半或 1/4 计数，再乘以相应稀释倍数作为该平板的菌落数。菌落数的报告，按国家标准方法规定菌落数在 $1\sim100$ 时，按实有数字报告，如大于 100 时，则报告前面两位有效数字，第三位数按四舍五入计算。固体检样以克（g）为单位报告，液体检样以毫升（mL）为单位报告，表面涂擦则以平方厘米（cm^2）报告。

　　每毫升中菌落形成单位（cfu）＝同一稀释度 3 次重复的平均菌落数×稀释倍数×5

五、实验记录

将培养后的菌落计数结果填入表 5-1 中。

表 5-1　　　　　　　　　　　　　　培养后的菌落计数表

稀释度	10^{-4}				10^{-5}				10^{-6}			
	1	2	3	平均	1	2	3	平均	1	2	3	平均
cfu 数/平板												
每 mL 中的 cfu 数												

六、思考题

1. 稀释涂布平板法与显微镜计数法有什么不同？
2. 怎样减少稀释涂布平板法的实验误差？

实验六 细菌纯化分离、培养和接种技术

一、实验目的

1. 了解微生物分离和纯化的原理，学习从环境（土壤、水体、活性污泥、垃圾、堆肥等）中分离、培养微生物，掌握一些常用的分离和纯化微生物的方法；

2. 学习掌握微生物的几种接种技术；

3. 建立无菌操作的概念，掌握无菌操作的基本环节。

二、实验原理

从混杂微生物群体中获得只含有某一种或某一株微生物的过程称为微生物分离与纯化。平板分离法普遍用于微生物的分离与纯化。其基本原理是选择适合于待分离微生物的生长条件，如营养成分、酸碱度、温度和氧等，或加入某种抑制剂造成只利于待分离微生物生长而抑制其他微生物生长的环境，从而淘汰一些不需要的微生物。

微生物在固体培养基上生长形成的单个菌落，通常是由一个细胞繁殖而成的集合体，因此可通过挑取单菌落而获得一种纯培养。获取单个菌落的方法可通过稀释涂布平板或平板画线等技术完成。值得指出的是，从微生物群体中经分离生长在平板上的单个菌落并不一定保证是纯培养。因此，纯培养的确定除观察其菌落特征外，还要结合显微镜检测个体形态特征后才能确定，有些微生物的纯培养要经过一系列分离与纯化过程和多种特征鉴定才能得到。

土壤是微生物生活的大本营，它所含微生物无论是数量还是种类都是极其丰富的。因此，土壤是微生物多样性的重要场所，是发掘微生物资源的重要基地，可以从中分离、纯化得到许多有价值的菌株。本实验将采用不同的培养基从土壤中分离不同类型的微生物。

三、实验材料

1. 菌种

取样：学生自主实时选择土样，地表 10cm 左右。

2. 溶液或试剂

配制牛肉膏蛋白胨培养基的原料（牛肉膏、NaCl、琼脂、蛋白胨）、结晶紫染色液、番红染色液、碘液、95％乙醇、5％孔雀绿染色液、0.5％番红水染色液、3％过氧化氢水溶液、蒸馏水等。

3. 仪器或其他用具

培养皿、载玻片、盖玻片、普通光学显微镜、量筒、滴管、移液管、吸水纸、烧杯、三角瓶、玻璃棒、接种环、恒温培养箱、高温灭菌锅、电子天平、滤纸、pH 试纸等。

四、实验步骤

1. 玻璃器皿的准备

玻璃器皿在实验前必须洗涤干净，并根据实验要求准备相应数量，移液管、培养皿等包装好后灭菌，可采用干热灭菌法处理。

2. 配制牛肉膏蛋白胨培养基

培养基配方：

牛肉膏	1.5g
蛋白胨	5.0g
NaCl	2.5g
水	500mL
pH 值	7.4～7.6

配制好的培养基分装好后，必须马上进行灭菌处理（高压蒸汽法）。

3. 准备无菌水

将稀释水灭菌得到无菌水，可与培养基灭菌一起进行。

4. 制备土壤稀释液

称取土样 10g，放入盛有 90mL 无菌水的带有玻璃珠的三角瓶中，放入振荡培养箱中振荡摇匀 20min，使土样和水充分混合，取一支 1mL 无菌移液管从三角瓶中吸取 1mL（此操作要求无菌操作），加入另一盛有 9mL 无菌水的试管中，混合均匀，以此类推分别制成0.01、0.001、0.000 1 等不同稀释度的土壤溶液（见图 6‑1）。

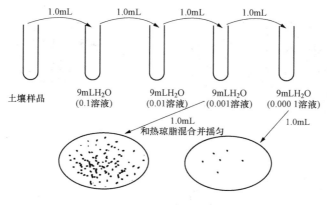

图 6‑1　稀释过程示意图

5. 转接

点燃酒精灯，取接种环，将接种环烧红灭菌。右手拿接种环（如握钢笔一样），在火焰上将环端烧红灭菌，然后将有可能伸入试管的其余部分，均用火烧过灭菌。将灼烧过的接种环伸入菌种管，先使环接触边壁，使其冷却。待环冷却后轻轻蘸取稀释后的土壤悬液，然后将接种环移出菌种管，注意不要使环的部分碰到管壁，取出后不可使环通过火焰。在火焰旁迅速用沾有菌种的接种环在平板上画线。

6. 画线分离

使标本或培养物中混杂的多种细菌在培养基表面分散生长，各自形成菌落。一般要求单个菌落是一种细菌的纯培养。但很多情况下单个菌落并非只有一种细菌，特别是标本直接画线的开始区域生长的单个菌落分离结果不纯，一般选择菌落形成较稀少区域的单个菌落，必要时先稀释标本再画线。待菌落长出后，挑选单个菌落，转种到另一培养基中，继续实验。平板画线法可分为以下几种。

（1）分区画线法。此法多用于粪便等含菌量较多的标本。先将标本均匀涂于平板表面边缘一小部分（第 1 区）；然后烧灼接种环，用接种环以无菌操作挑取土壤悬液，先在平板培养基的一边做第一次平行画线 3～4 条，再转动培养皿约 70°角，并将接种环上剩余物烧掉，待冷却后通过第一次画线部分做第二次平行画线，再用相同方法通过第二次平行画线部分做第三次平行画线和通过第三次平行画线部分做第四次平行画线 [见图 6-2 (a)]。画线完毕后，盖上皿盖，倒置于温室培养。

（2）连续画线法。此法一般用于接种含菌数量相对较少的标本或培养物。先将标本均匀涂布于平板边缘一小部分，并由此开始，将挑取有样品的接种环在平板培养基上做连续画线并逐渐下移，直至画满平板表面 [见图 6-2 (b)]。画线完毕后，盖上皿盖，倒置于温室培养。

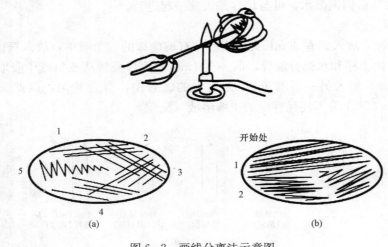

图 6-2　画线分离法示意图

（a）分区画线法；（b）连续画线法

7. 挑菌

将培养后长出的单个菌落分别挑取接种到上述培养基的斜面上，分别置 25℃和 28℃温室中培养，待菌苔长出后，检查菌苔是否单纯，也可用显微镜涂片染色检查是否单一的微生物，若有其他杂菌混杂，就要再一次进行分离、纯化，直到获得纯培养。

8. 接种

将微生物的培养物或含有微生物的样品移植到培养基上的操作技术称为接种。接种是微生物实验及科学研究中的一项最基本的操作技术。无论微生物的分离、培养、纯化或鉴定，还是有关微生物的形态观察及生理研究都必须进行接种。接种的关键是要严格地进行无菌操作，如操作不慎引起污染，则实验结果就不可靠，影响下一步工作的进行。

（1）斜面接种法。该法主要用于纯种增菌及保存菌种。挑取单个菌落从斜面底部自下向上画一条直线，再从底部开始向上画曲线接种，尽可能密而匀，或者直接自下而上画曲线接种。

（2）液体接种法。以接种环蘸取菌种，倾斜液体培养管，在液面与管壁交界处研磨接种物（以试管直立后液体应淹没接种物为准）。多用于普通肉汤、蛋白胨水等液体培养基的接种。

（3）穿刺接种法。此法用于保存菌种、观察动力及某些生化反应。以接种针挑取细菌培养物，插入半固体培养基的中央，穿刺至培养基底部，然后沿原穿刺线退出接种针。其他操作与斜面接种类似。

（4）倾注平板法。取纯培养物的稀释液或原标本 1mL 置于无菌培养皿内，再将已溶化并冷却到 50℃左右的 15～20mL 琼脂注入上述培养皿内，将两者混匀，凝固后培养，进行菌落计数。该法适用于兼性厌氧菌或厌氧菌稀释定量培养，也用于饮料、牛乳和尿液等液体标本活细菌计数。

五、思考题

1. 如何确定平板上某单个菌落是否为纯培养？在平板上你分离得到哪些类群的微生物？简述它们的菌落特征。

2. 试述如何在接种中贯彻无菌操作的原则。

3. 试设计一个实验，从土壤中分离酵母菌。

实验七　细菌生长曲线的测定

一、实验目的

1. 了解细菌生长曲线特征，测定细菌繁殖的代时；

2. 了解不同细菌、不同接种方法在同一培养基中生长速度的不同；

3. 学习掌握利用细菌悬液混浊度间接测定细菌生长的方法。

二、实验原理

将一定量的细菌接种在液体培养基内，在一定培养条件下，可观察到细菌的生长繁殖有一定的规律性，如以细菌的活菌数的对数为纵坐标，以培养时间为横坐标，可绘成一条曲线，称为生长曲线（见图 7-1）。

单细胞微生物的发酵具有 4 个阶段，即调整期（延滞期）、对数期（生长旺盛期）、平衡期（稳定期）、死亡期（衰亡期）。

生长曲线可表示细菌从开始生长到死亡的全过程的动态。不同的微生物有不同的生长曲线，同一种微生物在不同的培养条件下，其生长曲线也不一样。因此，测定微生物的生长曲线对于了解和掌握微生物的生长规律是很有帮助的。

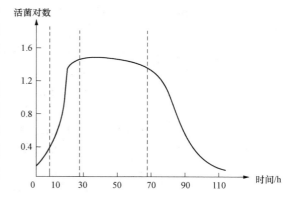

图 7-1　微生物生长曲线示意图

测定微生物生长曲线的方法很多，有血球计数板法、平板菌落计数法、称重法和比浊法等。本实验采用比浊法测定，由于细菌悬液的浓度与混浊度成正比，因此可利用分光光度计测定细菌悬液的光密度来推知菌液的浓度。以所测得的光密度值（OD_{600}）与其对应的培养时间作图，即可绘出该菌在一定条件下的生长曲线。注意，由于光密度表示的是培养液中的总菌数，包括活菌与死菌，因此所测定的生长曲线的衰亡期不明显。

从生长曲线我们可以算出细胞每分裂一次所需要的时间，即代时，以 G 表示，其计算公式为

$$G = \frac{t_2 - t_1}{(\lg W_2 - \lg W_1)/\lg 2}$$

式中　t_1、t_2——所取对数期两点的时间；

W_1、W_2——分别为相应时间测得的细胞含量（g/L）或 OD 值。

三、实验材料

1. 菌种

大肠杆菌、枯草杆菌菌液。

2. 培养基

牛肉膏蛋白胨培养基的配方如下：

牛肉膏	3.0g
蛋白胨	10.0g
NaCl	5.0g
水	1000mL
pH 值	7.4～7.6

配制好的培养基分装好后，必须马上进行灭菌处理（高压蒸汽法）。

3. 仪器或其他用具

无菌吸头、培养皿、共用参比杯等。

四、实验步骤

1. 准备菌种

将细菌接种到牛肉膏蛋白胨三角瓶培养基中，37℃振荡培养18h，另外准备单菌落平板各一块。分为3个小组：

第（1）小组：

取1.0mL 大肠杆菌菌液接种到100mL 培养基，37℃ 200r/min；

取3.0mL 大肠杆菌菌液接种到100mL 培养基，37℃ 200r/min；

取5.0mL 大肠杆菌菌液接种到100mL 培养基，37℃ 200r/min。

第（2）小组：

取一个大肠杆菌菌落接种到100mL 培养基，37℃ 200r/min；

取1.0mL 大肠杆菌菌液接种到100mL 培养基，37℃ 110r/min；

取1.0mL 大肠杆菌菌液接种到100mL 培养基，30℃ 200r/min。

第（3）小组：

取1.0mL 枯草杆菌接种到100mL 培养基，37℃ 200r/min；

取1.0mL 枯草杆菌接种到100mL 培养基，30℃ 200r/min；

取1.0mL 枯草杆菌接种到100mL 培养基，37℃ 110r/min。

每培养一小时取样一次（2.5h、3.5h加测一次）。对照组测量起始 pH 值，所有瓶子测量发酵9h结束测 pH 值。

2. 测量

选用600nm 波长，以蒸馏水作为空白参比，开始培养前测定每组培养液的 OD 值作为起始点。开始培养后，每小时吸取测定一次 OD 值。

3. 注意事项

（1）在生长曲线测定中，一定要用空白对照管的培养液随时校正仪器的零点。

（2）严格注意无菌操作，污染杂菌后会因为菌种不纯，生长情况不一而干扰生长曲线的测定结果。

（3）在精确测定微生物生长时，需要增加平行测定试管。

五、实验记录

记录相关数据填写表 7-1 和表 7-2，并分析各因素对微生物生长的影响。

表 7-1

三个小组时间—OD 数据表

			开始取样时间	9:55	10:55	12:01	12:39	13:17	13:53	14:29	15:35	16:43	17:50	18:57	19:07	20:12
			结束取样时间		11:01	12:09	12:47	13:23	13:59	14:35	15:43	16:50	17:57	19:09	20:07	21:12
			发酵时间	0	1	2	2.5	3	3.5	4	5	6	7	8	9	10
OD_t	大肠杆菌	单菌落														
		37℃110r/min														
		30℃200r/min														
		1.0mL														
		3.0mL														
		5.0mL														
	枯草标菌	37℃200r/min														
		30℃200r/min														
		37℃110r/min														
$OD=OD_t-OD_0$	大肠杆菌	单菌落														
		37℃110r/min														
		30℃200r/min														
		1.0mL														
		3.0mL														
		5.0mL														
	枯草标菌	37℃200r/min														
		30℃200r/min														
		37℃110r/min														

表 7 - 2　　　　　　　　　　　　　　不同环境和菌种生长比较表

培养菌	接种量	培养温度（℃）	摇床转速（r/min）	生长曲线状态			代时（min）
				调整期（h）	对数期（h）	稳定期 OD（取 8hOD）	
大肠杆菌	单菌落	37	200				
	1.0mL	37	110				
	1.0mL	30	200				
	1.0mL	37	200				
	3.0mL	37	200				
	5.0mL	37	200				
枯草杆菌	1.0mL	37	200				
		30	200				
		37	110				

分析：

（1）接种量对微生物的影响。

预期：＿＿＿＿＿＿＿＿＿＿＿＿＿＿＿＿＿＿＿＿＿＿＿＿＿＿

原因：＿＿＿＿＿＿＿＿＿＿＿＿＿＿＿＿＿＿＿＿＿＿＿＿＿＿

实际：＿＿＿＿＿＿＿＿＿＿＿＿＿＿＿＿＿＿＿＿＿＿＿＿＿＿

分析：＿＿＿＿＿＿＿＿＿＿＿＿＿＿＿＿＿＿＿＿＿＿＿＿＿＿

（2）培养温度对微生物的影响。

预期：＿＿＿＿＿＿＿＿＿＿＿＿＿＿＿＿＿＿＿＿＿＿＿＿＿＿

原因：＿＿＿＿＿＿＿＿＿＿＿＿＿＿＿＿＿＿＿＿＿＿＿＿＿＿

实际：＿＿＿＿＿＿＿＿＿＿＿＿＿＿＿＿＿＿＿＿＿＿＿＿＿＿

分析：＿＿＿＿＿＿＿＿＿＿＿＿＿＿＿＿＿＿＿＿＿＿＿＿＿＿

（3）摇床转速对微生物的影响。

预期：＿＿＿＿＿＿＿＿＿＿＿＿＿＿＿＿＿＿＿＿＿＿＿＿＿＿

原因：＿＿＿＿＿＿＿＿＿＿＿＿＿＿＿＿＿＿＿＿＿＿＿＿＿＿

实际：＿＿＿＿＿＿＿＿＿＿＿＿＿＿＿＿＿＿＿＿＿＿＿＿＿＿

分析：＿＿＿＿＿＿＿＿＿＿＿＿＿＿＿＿＿＿＿＿＿＿＿＿＿＿

（4）大肠杆菌和枯草杆菌比较。

大肠杆菌：＿＿＿＿＿＿＿＿＿＿＿＿＿＿＿＿＿＿＿＿＿＿＿＿＿

枯草杆菌：＿＿＿＿＿＿＿＿＿＿＿＿＿＿＿＿＿＿＿＿＿＿＿＿＿

六、作业与思考题

1. 绘制大肠杆菌生长曲线图（6 种不同环境）。

2. 绘制枯草芽孢杆菌生长曲线图（3 种不同环境）。

3. 对上述 9 个生长曲线图进行分析并计算代时。

4. 在实验过程中，哪些操作步骤容易造成较大的误差？

5. 用本实验测定微生物生长曲线有何优点？

实验八　菌种的紫外诱变

一、实验目的

1. 初步掌握诱变方案的设计和紫外诱变的实验手段；

2. 理解自发突变和紫外诱变的机理，分析不同诱变目的、诱变手段和诱变筛选在诱变应用中的关系；

3. 了解诱变育种在微生物工业中的作用。

二、实验原理

微生物菌种质量优劣对发酵工业具有至关重要的作用，由于自然界中的菌种一般在生产上都有不同程度的缺陷，而且自然突变频率低，突变幅度小，单纯依靠自然界中微生物群体来进行的自然选择有很大的局限性，往往不能满足实际生产的需要。因此，现在的微生物发酵生产菌种绝大多数都是经过人工改造的，而菌种改造有诱变改造和基因改造两方面。虽然现在通过基因改造菌种已经成为越来越重要的菌种改造方式，但通过物理化学诱变对菌种品质进行改造仍然是工业生产菌的重要手段。

诱变分为物理诱变和化学诱变。物理诱变往往被分为电离辐射和非电离辐射，常用的电离辐射有 X 射线、α 射线、β 射线、快中子等。电离辐射的特点是穿透力强，对生物作用分为直接作用和间接作用。辐射的直接作用是指辐射所产生的是直接物理损伤，是一种物理作用；而辐射的间接作用是指辐射所产生的是遗传损伤，是一种化学作用。非电离辐射最典型的就是紫外线（UV）。紫外线的生物学效应主要是它能引起 DNA 的结构变化，主要作用是使 DNA 双链之间或同一条链上相邻的 T（胸腺嘧啶）形成二聚体，阻碍双链解旋，复制及碱基的正常配对，从而引起突变。其电磁波谱位置为 $40\sim390nm$，而由于 DNA 分子的紫外吸收峰位于 260nm，因而波长在 $200\sim300nm$ 的紫外线被用于紫外诱变。紫外诱变时的剂量与所用紫外灯管的功率及照射距离和照射时间相关，实验中往往采用改变照射时间来改变照射剂量。由于照射致死率在 95%～99% 的时候回复突变株出现率最高，因而实践中多用 70%～80% 的致死率进行诱变。紫外诱变因其效果好、实验设备简单等优点而成为应用最广泛的物理诱变方法。

在诱变中制订好诱变方案是很重要的，诱变育种包括诱变和筛选两步。首先制定一个明确的筛选目标，因为诱变是不定向的，因此必须采用定向的筛选方法将所需要的菌株从原始菌和突变株中分离出来，同时还应考虑选出的菌种在生长速度、温度适应、产孢子等方面不能产生过多不适应生产的变化。

本实验以大肠杆菌为材料，选择紫外线为诱变剂进行诱变处理。筛选青霉素抗性菌，同时绘制致死曲线并计算诱变率。

三、实验材料

1. 菌种

大肠杆菌（Escherichia coli）。

2. 培养基

牛肉膏蛋白胨培养基配方如下：

牛肉膏	1.5g
蛋白胨	5g
NaCl	2.5g
琼脂	10g
pH 值	7.4～7.6
水	500mL

青霉素牛肉膏蛋白胨培养基配方如下：

牛肉膏	1.5g
蛋白胨	5g
NaCl	2.5g
琼脂	10g
pH 值	7.4～7.6
水	500mL

配制 1000mg/mL 青霉素母液，用针式滤器过滤后待用。如果配制液体培养基，将牛肉膏蛋白胨培养基灭菌冷却后加入青霉素母液，使终浓度为 30mg/L。如果配制固体培养基，将牛肉膏蛋白胨培养基灭菌冷却至 60℃左右时加入青霉素，使终浓度为 30mg/L，立即倒平皿。

生理盐水配方如下：

NaCl	8.5g
蒸馏水	1000mL

3. 仪器或其他用具

培养皿、三角瓶、离心管、试管、吸管、取液器、台式离心机、水浴锅、紫外线照射箱等。

四、实验步骤

1. 菌体准备

接种大肠杆菌到牛肉膏蛋白胨液体培养基（500mL 三角瓶装 100mL 培养基），置 37℃ 200r/min 培养 16～18h，这时摇瓶中的菌液密度为 107～108 个菌/mL。将三角瓶中的菌液转入离心管中，4000r/min 离心 10min。离心后，倒去上清液，加入 100mL 无菌生理盐水和玻璃珠将细菌沉淀打匀，待用（取用之前务必摇匀）。

2. 细菌计数

取三角瓶中的菌液 0.5mL，采用 10 倍稀释法，稀释到 10^{-4}、10^{-5}、10^{-6}。分取 3 个稀释度的菌液各 0.1mL 加入牛肉膏蛋白胨固体培养基平皿中，用无菌涂棒将菌液涂匀。每个稀释度涂布两个平皿。将平皿置于 37℃培养箱中，培养过夜。对培养后的平皿进行活菌统计，依照统计原则进行统计，算出原菌液中的菌密度。

统计原则：到达规定培养时间，应立即计数。如果不能立即计数，应将平板放置于 0～4℃无菌环境中，但不得超过 24h。计数时应选取菌落数在 30～300 之间的平板，若有两个稀释度均在 30～300 之间时，按国家标准方法要求应以二者比值决定，比值小于或等于 2 取平均数，比值大于 2 则取其较小数字。若所有稀释度均不在计数区间：如均大于 300，则取最高稀释度的平均菌落数乘以稀释倍数报告之；如均小于 30，则以最低稀释度的平均菌落数乘稀释倍数报告之；如菌落数有的大于 300，有的又小于 30，但均不在 30～300 之间，则应以最接近 300 或 30 的平均菌落数乘以稀释倍数报告之；如所有稀释度均无菌落生长，则应按小于 1 乘以最低稀释倍数报告之。不同稀释度的菌落数应与稀释倍数成反比（同一稀释度的两个平板的菌落数应基本接近），即稀释倍数愈高菌落数愈少，稀释倍数愈低菌落数愈多。如出现逆反现象，则应视为检验中的差错，不应作为检样计数报告的依据。当平板上有链状菌落生长时，如呈链状生长的菌落之间无任何明显界线，则应作为一个菌落计，如存在有几条不同来源的链，则每条链均应按一个菌落计算，不要把链上生长的每一个菌落分开计数。如有片状菌落生长，该平板一般不宜采用，如片状菌落不到平板一半，而另一半又分布均匀，则可以半个平板的菌落数乘 2 代表全平板的菌落数。当计数平板内的菌落数过多（即所有稀释度均大于 300 时），但分布很均匀，可取平板的一半或 1/4 计数，再乘以相应稀释倍数作为该平板的菌落数。菌落数的报告，按国家标准方法规定菌落数在 1～100 时，按实有数字报告，如大于 100 时，则报告前面两位有效数字，第三位数按四舍五入计算。固体检样以克（g）为单位报告，液体检样以毫升（mL）为单位报告，表面涂擦则以平方厘米（cm^2）报告。

每毫升中菌落形成单位（cfu）＝同一稀释度 3 次重复的平均菌落数×稀释倍数×5

3. 自发突变

取三角瓶中 0.1mL 菌液加入到含有青霉素的牛肉膏蛋白胨固体培养基平皿中，涂布 3 个平皿。依照步骤 2 进行细菌培养和计数。

4. 紫外诱变

由于紫外诱变引起的 DNA 变化有光复活作用，因而在诱变实验中最好在红光下进行操作，操作后将涂布好的平皿用报纸包好后置于 37℃培养箱中培养，操作过程如下。

（1）分别吸取三角瓶中菌液 3mL 于 4 个无菌培养皿内。将培养皿放在 10～15W 的紫外灯下，距离 30cm 左右。

（2）在诱变前先打开紫外灯稳定 15～30min（使紫外灯输出功率稳定后进行实验，使致死曲线更准确），将待处理的 4 个培养皿连盖放在紫外灯下灭菌 1min，将 4 个培养皿开盖后进行紫外照射，分别在 15s、30s、1min 和 2min 的时候将培养皿的盖子盖上，然后关上紫外灯（如果有条件，应将平皿放在磁力搅拌器上，在照射过程中对菌液进行搅拌，使菌液均匀便于紫外线的作用）。

（3）分别对照射 15s、30s、1min 和 2min 的 4 个培养皿做菌液稀释计数。分别稀释到 10^{-4}、10^{-3}、10^{-2} 和 10^{-1} 进行两个稀释度的涂布，每个涂布两个培养皿，进行培养计数，结合步骤 2 进行致死曲线绘制（如果有条件，应该做计数，应做 3 个稀释度 3 个重复样的计数）。

（4）将照射后的 4 个培养皿中的菌液 0.1mL 分别加入到含有青霉素的牛肉膏蛋白胨固体培养基平皿中，涂布 3 个平皿。依照步骤（2）进行细菌培养和计数。

（5）光复活。实验操作基本同于步骤（4）诱变处理，其中在操作步骤（2）之后将平皿暴露在白光中 30min，然后再进行操作步骤（3）之后的操作。

五、实验记录

记录实验数据填入表 8 - 1～表 8 - 4。

表 8 - 1　　　　　　　　　　　　　　　　原菌液计数表

稀释度			细菌数（个/mL）
平皿 A（个/0.1mL）			
平皿 B（个/0.1mL）			
平均（个/0.1mL）			

表 8 - 2　　　　　　　　　　　　　　　　自发突变计数表

平皿 A	平皿 B	平皿 C	平均突变菌数	自发突变率

表 8 - 3　　　　　　　　　　　　　　　　诱变结果计数表

照射时间	稀释度	平皿 A	平皿 B	平均	致死率	
15s						
	抗性突变菌				突变率	
30s						
	抗性突变菌				突变率	
1min						
	抗性突变菌				突变率	
2min						
	抗性突变菌				突变率	

表 8 - 4　　　　　　　　　　　　　　　　光复活实验计数表

照射时间	稀释度	平皿 A	平皿 B	平均	致死率	
15s						
	抗性突变菌				突变率	
30s						
	抗性突变菌				突变率	
1min						
	抗性突变菌				突变率	
2min						
	抗性突变菌				突变率	

六、思考题

1. 紫外诱变中要求菌液深度不超过 2mm，为什么？
2. 自发突变和紫外诱变在机理上有什么不同？
3. 比较暗操作和光复活情况下的致死率和抗青霉素突变率的差别。

实验九　菌　种　保　藏

一、实验目的

1. 学习掌握菌种保藏的基本原理，比较几种不同的保藏方法；
2. 掌握常用的微生物菌种保藏方法。

二、实验原理

菌种保藏是使微生物种子经过长时间的保存后，仍尽可能地保持其原来性状和活力，不变异不死亡、不被污染的过程。保藏的菌种可作为鉴别菌株的对照株，菌种保藏可深入研究某菌株的未知性状，随时为生产、科研提供优良菌种。微生物具有容易变异的特性，因此在保藏过程中，必须使微生物的代谢处于最不活跃或相对静止的状态，才能在一定的时间内使其不发生变异而又保持生活能力。低温、干燥和隔绝空气是使微生物代谢能力降低的重要因素，所以菌种保藏方法虽多，但都是根据这三个因素而设计的。菌种的保藏方法大致可分为以下几种。

1. 传代培养法

此法使用最早，它是将要保藏的菌种通过斜面、穿刺或疱肉培养基（用于厌氧细菌）培养好后，置 4℃存放，定期进行传代培养、再存放。后来发展为在斜面培养物上面覆盖一层无菌的液体石蜡，一方面防止因培养基水分蒸发而导致菌种死亡，另一方面石蜡层可将微生物与空气隔离，减弱细胞的代谢作用。不过，这种方法保藏菌种的时间不长，且传代过多易使菌种的主要特性减退，甚至丢失，因此它只能作为短期保存菌种用。

2. 悬液法

将细菌细胞悬浮在一定的溶液中，包括蒸馏水、蔗糖和葡萄糖等糖液、磷酸缓冲液、食盐水等，有的还使用稀琼脂。悬液法操作简便，效果较好。有的细菌如酵母菌用这种方法可以保藏几年甚至近 10 年。

3. 载体法

该法是使生长合适的微生物吸附在一定的载体上进行干燥。土壤、沙土、硅胶、明胶、麸皮、磁珠和滤纸片等都可作为载体。该法操作通常比较简单，普通实验室均可进行。特别是以滤纸片（或条）作为载体，细胞干燥后，可将含细菌的滤纸片（或条）装入无菌的小袋封闭后放在信封中，邮寄很方便。

4. 真空干燥法

这类方法包括冷冻真空干燥法和 L-干燥法。冷冻真空干燥法是将要保藏的微生物样品先经低温预冻，然后在低温状态下进行减压干燥；L-干燥法则不需要低温预冻样品，只需使样品维持在 10～20℃范围内进行真空干燥即可。

5. 冷冻法

这是一种使样品始终存放在低温环境下的保藏方法。它包括低温法（－70～－80℃）和液氮法（－196℃）。

水是生物细胞的主要组分，约占活体细胞总量的 90％，在 0℃或以下时会结冰。样品降温速度过慢，胞外溶液中水分大量结冰，溶液的浓度提高，胞内的水分便大量向外渗透，导致细胞剧烈收缩，造成细胞损伤，此为溶液损伤。另外，若冷却速度过快，胞内的水分来不及通过细胞膜渗出，胞内的溶液因过冷而结冰，细胞的体积膨胀，最后导致细胞破裂，此为胞内冰损伤。因此，控制降温速率是冷冻微生物细胞十分重要的步骤。可以通过添加保护剂的方法来克服细胞的冷冻损伤。在需冷冻保藏的微生物样品中加入适当的保护剂可以使细胞经低温冷冻时减少冰晶的形成，如甘油、二甲亚砜、谷氨酸钠、糖类、可溶性淀粉、聚乙烯吡咯烷酮（PVP）、血清、脱脂奶等均是保护剂。其中，二甲亚砜对微生物细胞有一定的毒害，一般不采用。甘油适宜低温保藏，脱脂奶和海藻糖是较好的保护剂，尤其是在冷冻真空干燥中普遍使用。

三、实验材料

1. 菌种

大肠杆菌、假单胞菌、灰色链霉菌、酿酒酵母、产黄青霉菌。

2. 溶液或试剂

液体石蜡、甘油、五氧化二磷（或无水氯化钙）、河沙、瘦黄土或红土、95％乙醇、10％盐酸、食盐、干冰。

3. 仪器或其他用具

无菌吸管、无菌滴管、无菌培养皿、安瓿管、冻干管、40 目与 100 目筛子、parafilm 膜、滤纸条（0.5cm×1.2cm）、干燥器、真空泵、真空冷冻干燥箱、喷灯、L 形五通管、冰箱、低温冰箱（－70℃）、超低温冰箱、液氮罐。

四、实验步骤

以下几种保藏方法可根据实验室具体条件选做。

1. 斜面法

将菌种转接在适宜的固体斜面培养基上，待其充分生长后，用 parafilm 膜将试管塞部分包扎好（斜面试管用带螺旋帽的试管为宜，这样培养基不易干，且螺旋帽不易长霉，如用棉塞，塞子要求比较干燥），置 4℃冰箱中保藏。

保藏时间依微生物的种类各异。霉菌、放线菌及有芽孢的细菌保存 2～4 个月移种一次，普通细菌最好每月移种一次，假单胞菌两周传代一次，酵母菌间隔两个月传代一次。

此法操作简单，使用方便，不需特殊设备，能随时检查所保藏的菌株是否死亡、变异与污染杂菌等。缺点是保藏时间短，需定期传代，且易被污染，菌种的主要特性容易改变。

2. 液体石蜡法

（1）将液体石蜡分装于试管或三角烧瓶中，塞上棉塞并用牛皮纸包扎，121℃灭菌 30min，然后放在 40℃温箱中使水汽蒸发后备用。

（2）将需要保藏的菌种在最适宜的斜面培养基中培养，直到菌体健壮或孢子成熟。

（3）用无菌吸管吸取无菌的液体石蜡，加入已长好菌的斜面上，其用量以高出斜面顶端

1cm 为准，使菌种与空气隔绝。

（4）将试管直立，置低温或室温下保存（有的微生物在室温下比在冰箱中保存的时间还要长）。

此法实用而且效果较好，产孢子的霉菌、放线菌、芽孢菌可保藏两年以上，有些酵母菌可保藏 1～2 年，一般无芽孢细菌也可保藏一年左右。此法的优点是制作简单，不需特殊设备，且不需经常移种；缺点是保存时必须直立放置，所占位置较大，同时也不便携带。

3. 半固体穿刺法

该方法操作简便，是短期保藏菌种的一种有效方法。

（1）用接种针挑取细菌后，在琼脂柱中穿刺培养（培养试管选用带螺旋帽的短聚丙烯安瓿管）。

（2）将培养好的穿刺管盖紧，外面用石蜡膜（parafilm）封严，置 4℃ 下存放。

（3）取用时将接种环（环的直径尽可能小些）伸入菌种生长处挑取少许细胞，接入适当的培养基中。穿刺管封严后可保留以后再用。

4. 滤纸法

（1）滤纸条的准备。将滤纸剪成 0.5cm×1.2cm 的小条装入 0.6cm×8cm 的安瓿管中，每管装 1～2 片，用棉塞塞上后经 121℃ 灭菌 30min。

（2）保护剂的配制。配制 20% 脱脂奶，装在三角瓶或试管中，112℃ 灭菌 25min。待冷却后，随机取出几份分别置 28℃、37℃ 培养过夜，然后各取 0.2mL 涂布在肉汤平板上进行无菌检查，确认无菌后方可使用，其余的保护剂置 4℃ 下存放待用。

（3）菌种培养。将需保存的菌种在适宜的斜面培养基上培养，直到生长丰满。

（4）菌悬液的制备。取无菌脱脂奶约 2～3mL 加入待保存的菌种斜面试管内，用接种环轻轻地将菌苔刮下，制成菌悬液。

（5）分装样品。用无菌滴管（或吸管）吸取菌悬液滴在安瓿管中的滤纸条上，每片滤纸条约 0.5mL，塞上棉塞。

（6）干燥。将安瓿管放入有五氧化二磷（或无水氯化钙）做吸水剂的干燥器中用真空泵抽气至干。

（7）熔封与保存。用火焰按图 9-1 所示将安瓿管封口，置 4℃ 下或室温中存放。

（8）取用安瓿管。使用菌种时，取存放的安瓿管用锉刀或砂轮从上端打开安瓿管或将安瓿管口在火焰上烧热，加一滴冷水在烧热的部位使玻璃裂开，敲掉口端的玻璃，用无菌镊子取出滤纸，放入液体培养基中培养或加入少许无菌水用无菌吸管或毛细滴管吹打几次，使干燥物很快溶出，转入适当的培养基中培养。

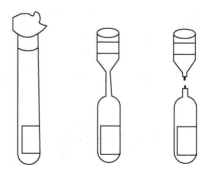

图 9-1 滤纸保藏法的安瓿管密封

5. 沙土管法

（1）河沙处理。取河沙若干加入 10% 盐酸浸没沙面，加热煮沸 30min 或浸 2～4h 以除去有机质。倒去盐酸溶液，用自来水冲洗至中性，最后一次用蒸馏水冲洗。烘干后用 40 目筛子过筛，弃去粗颗粒，备用。

（2）土壤处理。取非耕作层不含腐殖质的瘦黄土或红土，加自来水浸泡洗涤数次，直至中性。烘干后碾碎，用 100 目筛子过筛，粗颗粒部分丢掉。

（3）沙土混合。处理妥当的河沙与土壤按 2：1、3：1 或 4：1 的比例混合（或根据需要而用其他比例，甚至可全部用沙或土）均匀后，装入 10mm×100mm 小试管或安瓿管中，每管分装 1g 左右，塞上棉塞，进行灭菌（通常采用间歇灭菌 2～3 次），最后烘干。

（4）无菌检查。每 10 支沙土管随机抽一支，将沙土倒入肉汤培养基中，30℃培养 4h，若发现有微生物生长，则所有沙土管需重新灭菌，再做无菌实验，直至证明无菌后方可使用。

（5）菌悬液的制备。取生长健壮的新鲜斜面菌种，加入 2～3mL 无菌水（每 18mm×180mm 的试管斜面菌种），用接种环轻轻将菌苔洗下，制成菌悬液。

（6）分装样品。每支沙土管（注明标记后）加入 0.5mL 菌悬液（刚刚使沙土润湿为宜），用接种针拌匀。

（7）干燥。将装有菌悬液的沙土管放入盛有干燥剂的干燥器内，用真空泵抽干水分后火焰封口（也可用橡皮塞或棉塞塞住试管口）。

（8）保存。置 4℃冰箱或室温干燥处，每隔一定的时间进行检测。

此法多用于产芽孢的细菌、产生孢子的霉菌和放线菌，在抗生素工业生产中应用广泛、效果较好，可保存几年时间，但对营养细胞效果不佳。

6. 冷冻真空干燥法

（1）冻干管的准备。选用中性硬质玻璃，95♯材料为宜，内径约 5mm，长约 15cm，冻干管的洗涤按新购玻璃制品洗净，烘干后塞上棉塞。可将保藏编号、日期等打印在纸上，剪成小条，装入冻干管。121℃灭菌 30min。

（2）菌种培养。将要保藏的菌种接入斜面培养，产芽孢的细菌培养至芽孢从菌体脱落或产孢子的放线菌、霉菌至孢子丰满。

（3）保护剂的配制。选用适宜的保护剂按使用浓度配制后灭菌，随机抽样培养后进行无菌检查（同滤纸法保护剂的无菌检查），确认无菌后才能使用。糖类物质得用过滤器除菌，脱脂牛奶 112℃灭菌 25min。

（4）菌悬液的制备。吸 2～3mL 保护剂加入新鲜斜面菌种试管，用接种环将菌苔或孢子洗下振荡，制成菌悬液。真菌菌悬液则需置 4℃下平衡 20～30min。

（5）分装样品。用无菌毛细滴管吸取菌悬液加入冻干管，每管装约 0.2mL。最后在几支冻干管中分别装入 0.2mL、0.4mL 蒸馏水作为对照。

（6）预冻。用程序控制温度仪进行分级降温。不同的微生物其最佳降温度速率有所差异，一般由室温快速降温至 4℃，4℃至 -40℃每分钟降低 1℃，-40℃至 -60℃以下每分钟降低 5℃。条件不具备者，可以使用冰箱逐步降温。从室温至 4℃至 -12℃（三星级冰箱为 -18℃）至 -30℃至 -70℃，也可用盐水、干冰替代。

（7）冷冻真空干燥。启动冷冻真空干燥机制冷系统。当温度下降到 -50℃以下时，将冻结好的样品迅速放入冻干机内，启动真空泵抽气直至样品干燥。

样品干燥的程度对菌种保藏的时间影响很大。一般要求样品的含水量为 1%～3%。判断方法：

外观：样品表面出现裂痕，与冻干管内壁有脱落现象，对照管完全干燥；

指示剂：用 3% 的氯化钴水溶液装入冻干管作为指示剂，当溶液的颜色由红变浅蓝后，再抽同样长的时间便可。

（8）取出样品。先关真空泵、再关制冷机，打开进气阀使冻干机腔体真空度逐渐下降，直至与室内气压相等后打开，取出样品。先取几只冻干管在桌面上轻敲几下，样品很快松散，说明干燥程度达到要求；若用力敲，样品不与内壁脱开，也不松散，则需继续冷冻真空干燥，此时样品不需事先预冻。

（9）第二次干燥。将已干燥的样品管分别安置在歧形管上，启动真空泵，进行第二次干燥。

（10）熔封。用高频电火花真空检测仪检测冻干管内的真空程度。当检测仪将要触及冻干管时，发出蓝色电光说明管内的真空度很好，便可在火焰下（氧气与煤气混合调节，或用酒精喷灯）熔封冻干管。

（11）存活性检测。每个菌株取一支冻干管及时进行存活检测。打开冻干管，加入0.2mL无菌水，用毛细滴管吹打几次，待沉淀物溶解后（丝状真菌、酵母菌则需要置室温下平衡30～60min），转入适宜的培养基培养，根据生长状况确定其存活性，或用平板计数法或死活染色方法确定存活率。如有需要可测定其特性。

（12）保存。置4℃或室温下保藏（前者为宜）。每隔一段时间进行抽样检测。

该方法是菌种保藏的主要方法，对大多数微生物均比较适合且效果较好，保藏时间依不同的菌种而定，有的可保藏几年甚至30多年。

取用冻干管时，先用75%乙醇将冻干管外壁擦干净，再用砂轮或锉刀在冻干管上端划一小痕迹，然后将所划之处向外，两手握住冻干管的上下两端稍向外用力便可打开冻干管，或将冻干管上端近口处烧热，在热处滴几滴水使之破裂，再用镊子敲开。

7. 超低温冰箱法

（1）安瓿管的准备。用于保藏的安瓿管要求既能经121℃高温灭菌，又能在－70℃低温长期存放。现已普遍使用聚丙烯塑料制成带有螺旋帽和垫圈的安瓿管，容量为2mL。用自来水洗净后，经蒸馏水冲洗多次，烘干，121℃灭菌30min。

（2）保护剂的准备。配制20%的甘油溶液，121℃灭菌30min。使用前随机抽样进行无菌检查。

（3）菌悬液的制备。取新鲜的培养健壮的斜面菌种加入2～3mL保护剂，用接种环将菌苔洗下振荡，制成菌悬液。

（4）分装样品。用记号笔在安瓿管上注明标号，用无菌吸管加吸取菌悬液，加入安瓿管中，每支管加0.5mL菌悬液，拧紧螺旋帽。

（5）冻存。将分装好的安瓿管放入菌种盒中，快速转入－70℃超低温冰箱，并记录菌种在超低温冰箱中存放的位置与安瓿管数。

（6）解冻。需使用样品时，戴上棉手套，从超低温冰箱中取出安瓿管，用镊子夹住安瓿管上端迅速放入37℃水浴锅中摆动1～2min，样品很快融化。然后用无菌吸管取出菌悬液加入适宜的培养基中保温培养便可。

（7）存活性测定。可采用以下方法进行存活检测。

1）染色法。取解冻融化的菌悬液按细菌、真菌死活染色法，通过显微镜观察细胞存活和死亡的比例，计算出存活率。

2）活菌计数法。分别将预冻前和解冻融化的菌悬液按10倍稀释法涂布平板培养后，根据二者每毫升活菌数计算出存活率（如有必要，可测定菌种特征的稳定性）。

菌种存活率可按以下公式计算：

$$存活率（\%）=\frac{保藏后每毫升活菌数}{保藏前每毫升活菌数}\times100\%$$

8. 注意事项

（1）液体石蜡和甘油由于黏度较大，最好能反复灭菌 2～3 次后使用，以保证无菌。

（2）从液体石蜡下面取培养物移种后接种环在火焰上灼烧时，培养物容易与残留的液体石蜡一起飞溅，应特别注意。

（3）糖类物质和蛋白、血清类在高温、高压下易变性，宜过滤除菌。

（4）超低温冰箱冻存时，也可以采用向在液体培养基中培养至合适时间的菌悬液中直接添加 50％甘油溶液，使甘油溶液的终浓度达到 20％～25％，然后直接冻存。

（5）在超低温冰箱保存时，如菌种取出后仍需继续冻存，则不宜解冻，只得用接种环在表面轻划，然后转入适宜的培养基中进行培养即可。取用菌种的过程要迅速，反复冻融不利于菌种的存活。

五、作业与思考题

1. 选用几种菌株保藏方法进行菌株保藏，定期取保藏菌种，测定其活性，比较不同保藏方法菌种的存活率。

2. 根据你的实验，谈谈 1～2 种菌种保藏方法的利弊。

3. 实验室最常用哪一种既简单又方便的方法长期保存菌种？

实验十　微生物生理性质检测

一、实验目的

1. 了解细菌生理生化反应原理，掌握细菌鉴定中常见的生理生化反应方法；

2. 掌握淀粉水解实验、糖发酵、IMViC 实验的原理和方法；

3. 掌握用生理生化实验的方法检测细菌对各种基质的代谢作用及其代谢产物，从而鉴别细菌的种属。

二、实验原理

不同种类的微生物有着不同的代谢类型，例如对一些物质的分解能力及分解代谢的产物的不同反映出它们不同的生理特征，这些特征可以用来对不同种类微生物进行鉴定和分类。因此，可以对微生物的不同生化反应进行实验，以此证明微生物生理特征的多样性，了解微生物分类鉴别的依据。生理生化试验相比其他鉴别方法而言相对简便、快捷、经济实用，在一般的实验室中都可以进行，因此在微生物种类的初步鉴别中被广泛使用。

大分子物质如淀粉、蛋白质和脂肪等不能被微生物直接利用，必须依靠产生的胞外酶将大分子物质分解后，才能被微生物吸收利用。胞外酶主要为水解酶，通过加水裂解大分子物质为较小化合物，使其能被运输到细胞内。如淀粉酶可以将淀粉水解为小分子的糊精、双糖和单糖，脂肪酶可以将脂肪水解为甘油和脂肪酸，蛋白质酶水解蛋白质为氨基酸等，这些过程均可通过观察细菌菌落周围的物质变化来证实。如淀粉遇碘液会变蓝色，但被细菌水解的淀粉区域，用碘液测定时，不再出现蓝色，表明细菌产生淀粉酶。脂肪水解后产生脂肪酸可改变培养基的 pH 值，使 pH 值降低，会使加入培养基的中性红指示剂从淡红色变到深红色，说明细胞外存在脂肪酶。

糖发酵实验是常用的鉴别微生物的生化反应，在肠道细菌的鉴定上尤为重要，绝大多数细菌都能利用糖类作为碳源，但是它们在分解糖类物质的能力上有很大的差异，有些细菌能分解某种糖产生有机酸（如乳酸、醋酸、丙酸等）和气体（如氢气、甲烷、二氧化碳等），有些细菌只产酸不产气。例如，大肠杆菌能分解乳糖和葡萄糖产酸并产气；伤寒杆菌能分解葡萄糖产酸不产气，但不能分解乳糖；普通变形杆菌能分解葡萄糖产酸产气，但不能分解乳糖。发酵培养基含有蛋白胨、指示剂（溴甲酚紫）、倒置的德汉氏小管和不同的糖类，当发酵产酸时，溴甲酚紫指示剂可由紫色（pH6.8）转变为黄色（pH5.2）。气体的产生可由倒置的德汉氏小管中有无气泡来证明。

IMViC 试验是吲哚实验（Indole test）、甲基红实验（Methyl red test）、伏—普实验（Voges-Prokauer test）和柠檬酸盐实验（Citrate test）四个实验的缩写。这四个实验主要是用来快速鉴别大肠杆菌和产气肠杆菌，多用于水的细菌检测。大肠杆菌虽非致病菌，但在饮用水中如超过一定数量，则表示水质已受粪便污染。产气肠杆菌也广泛存在于自然界中，因此在检查水质时，要将两者分开。有些细菌产生色氨酸酶，可以分解蛋白胨中的色氨酸，产生吲哚和丙酮酸，故此吲哚实验可以用来检测吲哚的产生。吲哚与对二甲基氨基苯甲醛结合，形成红色的玫瑰吲哚。但并非所有的微生物都具有分解色氨酸产生吲哚的能力，因此吲哚实验可以作为生物化学检测的指标。大肠杆菌吲哚反应为阳性，产气肠杆菌为阴性。

甲基红实验可以用来检测由葡萄糖产生的有机酸，如甲酸、乙酸、乳酸等。当细菌代谢糖产生酸时，培养基就会变酸，会使加入培养基的甲基红指示剂由橙黄色（pH6.3）转变为红色（pH4.2），即甲基红反应。尽管所有的肠道微生物都能发酵葡萄糖产生有机酸，但这个实验在区分大肠杆菌和产气肠杆菌上自然是有价值的。这两种细菌的早期均产生有机酸，但大肠杆菌在培养后期仍能维持酸性 pH4，而产气肠杆菌则转化有机酸为非酸性末端产物，如乙醇、丙酮酸等，使 pH 升至大约 6。因此，大肠杆菌甲基红反应为阳性，产气肠杆菌为阴性。

三、实验材料

1. 菌种

枯草芽孢杆菌（Bacillus subtilis）、大肠杆菌（Escherichia coli）、铜绿假单胞杆菌（P. Aeruginosa）、金黄色葡萄球菌（Staphylococcus aureus）、普通变形杆菌（P. vulgaris）、产气肠杆菌（Enterobacter amnigenus）等。

2. 溶液或试剂

卢戈式碘液、溴甲酚紫指示剂、甲基红指示剂、吲哚试剂等。

3. 培养基

淀粉培养基配方如下：

牛肉膏	5 g
蛋白胨	10g
NaCl	5g

可溶性淀粉	2g
琼脂	15～20g
水	1000mL
pH 值	7.0～7.2

油脂培养基配方如下：

牛肉膏	5g
蛋白胨	10g
NaCl	5g
香油或花生油	10g
1.6％中性红水溶液	1mL
琼脂	15～20g
水	1000mL
pH 值	7.2

糖发酵培养基配方如下：

1.6％溴甲酚紫乙醇	1～2mL
蛋白胨水培养基	1000mL
葡萄糖/乳糖	10mL
pH 值	7.6

蛋白胨水培养基配方如下：

蛋白胨	10g
NaCl	5g
水	1000mL
pH 值	7.6

葡萄糖蛋白胨水培养基配方如下：

葡萄糖	5g
蛋白胨	5g
K_2HPO_4	2g
水	1000mL
pH 值	7.0～7.2

4. 仪器或其他用具

培养皿、锥形瓶、试管、烧杯、接种环、试管架、酒精灯等。

四、实验步骤

1. 培养基的制备

（1）淀粉水解实验（每组 3 个平板）。配置淀粉培养基，按照每 1000mL 水中蛋白胨 10g、NaCl 5g、牛肉膏 5g、可溶性淀粉 2g、琼脂 15～20g 称量物品，配制培养基，配制好后放入三角瓶中准备灭菌。

（2）油脂水解实验（每组 3 个平板）。配制油脂培养基，按照每 1000mL 水中蛋白胨 10g、NaCl 5g、牛肉膏 5g、香油或花生油 10g、1.6％中性红水溶液 1mL、琼脂 15～20g 称量物品，配制培养基，调节 pH 为 7.2，配制好后放入三角瓶中准备灭菌。

（3）糖发酵实验溶液（每种每组 5 支试管）。配制糖发酵培养基，按照每 1000mL 蛋白胨水培养基中 1.6％溴甲酚紫乙醇 1～2mL，调节 pH 值为 7.6，另配制葡萄糖和乳糖各 10mL；装入试管，将其中的德汉氏小管灌满放入试管，制成培养基，准备灭菌。

（4）IMViC 实验（每种每组 6 支试管）。配制蛋白胨水培养基和葡萄糖蛋白胨水培养基，蛋白胨水培养基以每 1000mL 水中蛋白胨 10g、NaCl 5g 称量物品，调节 pH 值为 7.6，配制好后加入试管中，每支试管 1/3 体积培养基；葡萄糖蛋白胨培养基为每 1000mL 水中蛋白胨 5g、葡萄糖 5g、K_2HPO_4 2g，配好后调节 pH 为 7.0～7.2，配好后装入试管中，每支试管 1/3 体积培养基，准备灭菌。

2. 灭菌

将以上制备好的培养基放入高温蒸汽灭菌锅中 121℃灭菌 20min。取出后将淀粉培养基与油脂培养基倒取平板，冷却后将所有培养基分给各组。

3. 种菌

（1）淀粉水解实验及油脂水解实验。在培养基平板背面用标签笔画一个十字，将其分为相等的 4 个区域，再在相应的位置写上要种的菌的名称，分别是大肠杆菌、金黄色葡萄球菌、枯草芽孢杆菌、铜绿假单胞菌，在无菌条件下，将菌种分别接种在相应的区域。对于淀粉培养基，在接种时，采取触点接种，对于脂肪培养基，采取画十字接种，接种的面积不要太大，以免不同区的水解圈重叠，影响观察。贴上标签。

（2）糖发酵实验溶液。在无菌条件下，将大肠杆菌、变形杆菌分别接种在糖发酵培养基液中，每种菌在葡萄糖和乳糖培养基中各接两支培养基，每种留一支作为对照。贴上标签。

（3）IMViC 实验。在无菌条件下，将大肠杆菌、产气肠杆菌分别接种在蛋白胨水培养基和葡萄糖蛋白胨水培养基中，大肠杆菌、产气肠杆菌分别在蛋白胨水培养基和葡萄糖蛋白胨水培养基中接 3 支培养基试管。贴上标签。

4. 培养

将以上的接种好的培养基放入 37℃培养箱中培养 48h。

5. 实验观察

（1）淀粉水解实验。取培养基平板，观察各种细菌的生长情况，打开平板的盖子，滴入少量卢戈氏碘液于平板中，轻轻旋转平板，使碘液均匀铺满整个平板。观察。

（2）油脂水解实验。取出平板，观察菌苔颜色。

（3）糖酵解实验。取葡萄糖培养基试管观察期中的德汉氏小管中是否有气泡，以及观察培养基的颜色。

（4）吲哚实验。向培养基中加入 3～4 滴乙醚，摇动数次，静置 1min，待乙醚上升后，沿试管壁徐徐加入两滴吲哚试剂。在乙醚和培养物之间产生红色环状物，反应为阳性。

（5）甲基红实验。将一支葡糖糖蛋白胨水培养基的培养物内加入甲基红试剂两滴，培养基变红，反应为阳性。

6. 注意事项

（1）在淀粉水解实验中，观察各菌生长情况时，滴入少量戈卢氏碘液于平板中，应该轻轻旋转平板，使碘液均匀铺满整个平板。

（2）在油脂水解实验中，制备固体油脂培养基时，应充分摇荡，使油脂均匀分布。

（3）在大分子物质的水解实验中，注意在接种前用记号笔做标记，接种时一定要认真检查标记，对号接种，以免接错菌种，造成混乱。

（4）在糖发酵实验中，在接种后，应轻摇试管，使其均匀，防止倒置的小管进入气泡，否则会造成假象，得出错误结果。

（5）在吲哚实验中，注意加入 3～4 滴乙醚，摇动数次，静置 1min，待乙醚上升后再沿试管壁徐徐加入两滴吲哚试剂，否则就会观测不到在乙醚和培养物之间产生的红色环状物。在甲基红实验中，应该注意甲基红试剂不要加得太多，以免出现假阳性。

五、实验记录

将各实验结果记录在表 10-1～表 10-3 中。

表 10-1　　　　　　　　大分子物质水解性实验结果记录表

菌名	枯草芽孢杆菌	大肠杆菌	金黄色葡萄球菌	铜绿假单胞菌
淀粉水解实验				
油脂水解实验				

表 10-2　　　　　　　　糖酵解实验结果记录

糖类发酵	大肠杆菌	普通变形菌	对照
葡萄糖发酵			
乳糖发酵			

表 10-3　　　　　　　　IMViC 实验结果记录

菌名	吲哚实验	甲基红实验
大肠杆菌		
产气肠杆菌		
对照		

六、思考题

1. 不利用碘液，你能否证明淀粉水解的存在？
2. 假如某些微生物可以有氧代谢葡萄糖，发酵实验应该出现什么结果？
3. 实验中为什么用吲哚的存在作为色氨酸酶活性的指示剂，而不用丙酮酸？
4. 为什么大肠杆菌甲基红反应为阳性，而产气肠杆菌的反应为阴性？

第二章　现代微生物学实验技术

实验十一　细菌总基因组 DNA 的提取纯化及检测

一、实验目的

1. 掌握细菌总基因组 DNA 的提取和鉴定的原理；
2. 熟悉细菌总基因组 DNA 的提取和鉴定的方法；
3. 了解细菌总基因组 DNA 的提取和鉴定的意义。

二、实验原理

1. DNA 提取纯化原理

DNA 在生物体内是与蛋白质形成复合物的形式存在的，因此提取出脱氧核糖核蛋白复合物后，必须将其中蛋白质去除。在碱性条件下，用表面活性剂 SDS 将细菌细胞壁破裂，然后用高浓度的 NaCl 溶液沉淀蛋白质等杂质，经过氯仿抽提进一步去掉蛋白质等杂质，之后经乙醇沉淀，得到较纯的总基因组 DNA。

2. DNA 鉴定原理

DNA 遇二苯胺（沸水浴）会被染成蓝色，因此二苯胺可以作为鉴定 DNA 的试剂。

3. DNA 提取一般过程

（1）细胞破碎：

机械方法：超声波处理法、研磨法、匀浆法；

化学试剂法：用 SDS 处理细胞；

酶解法：加入溶菌酶或蜗牛酶，破坏细胞壁。

（2）DNA 提取：

SDS（十二烷基硫酸钠）法：SDS 是有效的阴离子去垢剂，细胞中 DNA 与蛋白质之间常借静电引力或配位键结合，SDS 能够破坏这种价键；

CTAB（十六烷基三甲基溴化铵）法：CTAB 是一种阳离子去垢剂，它可以溶解膜与脂膜，使细胞中的 DNA－蛋白质复合物释放出来，并使蛋白质变性，使 DNA 与蛋白质分离。

（3）DNA 纯化（去杂质）：

蛋白质：常用苯酚：氯仿：异戊醇（25：24：1）或氯仿：异戊醇（24：1）抽提；

RNA：常选用 RNase 消化，或是用 LiCl 来消除大分子的 RNA；

酚类物质：提取液中加少量巯基乙醇，用于选取幼嫩的材料；

多糖：提取液中加 1%PVP。

三、实验材料

1. 菌种

大肠杆菌（E. coli）。

2. 溶液或试剂

1％ SDS：1g SDS 溶于 100mL 蒸馏水，灭菌后－4℃保存。

CTAB/NaCl 溶液：CTAB5g 溶于 100mL 0.5mol NaCl 中，加热到 65℃溶解。

5mol/L NaCl 溶液：称取 292.5g NaCl，溶于 1000mL 蒸馏水，灭菌后－4℃保存。

裂解缓冲液：40mmol/L Tris-HCl，20mmol/L 乙酸钠，1mmol/L EDTA，1％ SDS（pH8.0）。

TE 缓冲液：10mmol/L Tris-HCl，1mmol/L EDTA-2Na（pH8.0）。

20mg/mL 的蛋白酶 K：将蛋白酶 K 溶于 PBS（磷酸盐缓冲液），至终浓度 20mg/mL，分装－20℃保存。

其他溶液或试剂：无水乙醇、无菌水、酚：氯仿：异戊醇（25：24：1）、异丙醇、75％乙醇等。

3. 培养基

配制 LB 液体培养基配方如下：

酵母膏	5g
蛋白胨	10g
NaCl	10g
琼脂	1％～2％
水	1000mL
pH 值	7.0

4. 仪器或其他用具

1.5mL 离心管、吸量管、培养箱、台式高速离心机、涡旋振荡器、水浴锅（37℃、60℃）等。

四、实验步骤

1. 菌体培养

接种供试菌于 LB 液体培养基，37℃振荡培养 16～18h，获得足够的菌体。

2. 菌体收集

取 1.5mL 培养液于 1.5mL 离心管中，12 000r/min 离心 30s，弃上清液，收集菌体。

3. 辅助裂解

如果是 G$^+$菌（革兰氏阳性杆菌），应先加 100μg/mL 溶菌酶 50μL，37℃处理 1h。

4. 裂解

沉淀物加入 570μL 的无菌水（或 TE 缓冲液），用吸管反复吹打使之重悬。加入 30μL 10％的 SDS 和 10μL 20mg/mL 的蛋白酶 K，混匀，37℃温育 1h（加入 3μL 的 50mg/mL 溶菌酶效果更好）。

5. 提取纯化

加入 100μL 5mol/L NaCl，充分混匀，再加入 80μL CTAB/NaCl 溶液，混匀，60℃温育 10min。上下颠倒混匀，12 000r/min 离心 5min。取上清液，加入等体积（约 800μL）的酚：氯仿：异戊醇（25：24：1），混匀，12 000r/min 离心 5min，将上清液转至新管中。（抽提两次）。加入 0.6 体积异丙醇，轻轻混合直到 DNA 沉淀下来，静止 10min，12 000r/min 离心 10min。用 1mL 的 75％乙醇洗涤沉淀，12 000r/min 离心 5min，弃上清液，重悬于 30μL 的无菌水（或 TE 缓冲液）。

6. 洗涤

用 400μL 70% 的乙醇洗涤两次。

7. 干燥保存

真空干燥后，用 50μL TE 缓冲液或超纯水溶解 DNA，−20℃ 冰箱放置备用。

8. 鉴定

取两支试管，一支加入 0.015mol/L NaCl 5mL，加入适量 DNA 样品和 4mL 的二苯胺，另一支试管中加入 0.015mol/L NaCl 5mL 和 4mL 的二苯胺。对两管进行水浴加热 5～10min，对比两管现象，记录实验结果。

9. 注意事项

（1）菌体收集时，要注意吸干多余的水分；

（2）辅助裂解时，如果是 G$^+$ 菌，应先加溶菌酶；

（3）吸管抽吸时，小心液体溅出。

五、作业与思考题

1. 沉淀 DNA 时为什么要用无水乙醇？

2. 简要叙述氯仿抽提 DNA 体系后出现的现象及成因。

实验十二　环境微生物基因的 PCR 扩增

一、实验目的

1. 掌握 PCR 扩增 DNA 的技术及原理；

2. 学习 PCR 扩增仪的使用。

二、实验原理

PCR（Polymerase Chain Reaction，聚合酶链反应）是一种选择性体外扩增 DNA 或 RNA 的方法。它包括 3 个基本步骤：①变性（Denature）：目的双链 DNA 片段在 94℃ 下解链；②退火（Anneal）：两种寡核苷酸引物在适当温度（50℃ 左右）下与模板上的目的序列通过氢键配对；③延伸（Extension）：在 Taq DNA 聚合酶合成 DNA 的最适温度下，以目的 DNA 为模板进行合成。由这 3 个基本步骤组成一轮循环，理论上每一轮循环将使目的 DNA 扩增一倍，这些经合成产生的 DNA 又可作为下一轮循环的模板，所以经 25～35 轮循环就可使 DNA 扩增达 106 倍。

1. PCR 反应中的主要成分

（1）引物：PCR 反应产物的特异性由一对上下游引物所决定。引物的好坏往往是 PCR 成败的关键。引物设计和选择目的 DNA 序列区域时可遵循下列原则：①引物长度约为 16～30bp，太短会降低退火温度影响引物与模板配对从而使非特异性增高，太长则比较浪费且难以合成。②引物中 G+C 含量通常为 40%～60%，可按下式粗略估计引物的解链温度：$T_m = 4(G+C) + 2(A+T)$。③4 种碱基应随机分布，在 3′ 端不存在连续 3 个 G 或 C，因这样易导致错误引发。④引物 3′ 端最好与目的序列阅读框架中密码子第一或第二位核苷酸对应，以减少由于密码子摆动产生的不配对。⑤在引物内，尤其在 3′端应不存在二级结构。⑥两引物之间尤其在 3′端不能互补，以防出现引物二聚体，减少产量；两引物间最好不存在 4 个连续碱基的同源性或互补性。⑦引物 5′端对扩增特异性影响不大，可在引物设计时加上限制酶位点、核糖体结合位点、起始密码子、缺失或插入突变位点及标记生物素、荧光素、地高辛等。通常应在 5′端限制酶位点外再加 1~2 个保护碱基。⑧引物不与模板结合位点以外的序列互补，所扩增产物本身无稳定的二级结构，以免产生非特异性扩增，影响产量。⑨简并引物应选用简并程度低的密码子，如选用只有一种密码子的 Met，3′端应不存在简并性，否则可能由于产量低而看不见扩增产物。一般 PCR 反应中的引物终浓度为 0.2~1.0μmol/L。引物过多会产生错误引导或产生引物二聚体，过少则降低产量。利用紫外分光光度计，可精确计算引物浓度，在 1cm 光程比色杯中，260nm 下，引物浓度可按下式计算：

$$X \text{ (mol/L)} = \text{OD}_{260} / A(16\ 000) + C(70\ 000) + G(12\ 000) + T(9600)$$

式中　　　　　X——引物摩尔浓度；

A、C、G、T——引物中 4 种不同碱基个数。

（2）4 种三磷酸脱氧核苷酸（dNTP）：dNTP 应用 NaOH 将 pH 调至 7.0，并用分光光度计测定其准确浓度。dNTP 原液可配成 5~10mmol/L 并分装，−20℃储存。一般反应中每种 dNTP 的终浓度为 20~200μmol/L。理论上 4 种 dNTP 各 20μmol/L，足以在 100μL 反应中合成 2.6μg 的 DNA。当 dNTP 终浓度大于 50mmol/L 时可抑制 Taq DNA 聚合酶的活性。4 种 dNTP 的浓度应该相等，以减少合成中由于某种 dNTP 的不足出现的错误掺入。

（3）Mg^{2+}：Mg^{2+} 浓度对 Taq DNA 聚合酶影响很大，它可影响酶的活性和真实性，影响引物退火和解链温度，影响产物的特异性以及引物二聚体的形成等。通常 Mg^{2+} 浓度范围为 0.5~2mmol/L。对于一种新的 PCR 反应，可以用 0.1~5mmol/L 的递增浓度的 Mg^{2+} 进行预备实验，选出最适的 Mg^{2+} 浓度。在 PCR 反应混合物中，应尽量减少有高浓度的带负电荷的基团，如磷酸基团或 EDTA 等可能影响 Mg^{2+} 离子浓度的物质，以保证最适 Mg^{2+} 浓度。

（4）模板：PCR 反应必须以 DNA 为模板进行扩增，模板 DNA 可以是单链分子，也可以是双链分子，可以是线状分子，也可以是环状分子（线状分子比环状分子的扩增效果稍好）。就模板 DNA 而言，影响 PCR 的主要因素是模板的数量和纯度。一般反应中的模板数量为 102~105 个拷贝，对于单拷贝基因，这需要 0.1μg 的人基因组 DNA，10μg 的酵母 DNA，1μg 的大肠杆菌 DNA。扩增多拷贝序列时，用量更少。灵敏的 PCR 可从一个细胞、一根头发、一个孢子或一个精子提取的 DNA 中分析目的序列。模板量过多则可能增加非特异性产物。DNA 中的杂质也会影响 PCR 的效率。

（5）Taq DNA 聚合酶：一般 Taq DNA 聚合酶活性半衰期为 92.5℃ 130min、95℃ 40min、97℃ 5min。现在人们又发现许多新的耐热的 DNA 聚合酶，这些酶的活性在高温下活性可维持更长时间。Taq DNA 聚合酶的酶活性单位定义为 74℃ 下，30min，掺入 10nmol/L dNTP 到核酸中所需的酶量。Taq DNA 聚合酶的一个致命弱点是它的出错率，一般 PCR 中出错率为 2×10^{-4} 核苷酸/每轮循环，在利用 PCR 克隆和进行序列分析时尤应注意。在 100μL PCR 反应中，1.5~2 单位的 Taq DNA 聚合酶就足以进行 30 轮循环。所用的酶量可根据 DNA 引物及其他因素的变化进行适当的增减。酶量过多会使产物非特异性增加，过少则使产量降低。反应结束后，如果需要利用这些产物进行下一步实验，需要预先灭活 Taq DNA 聚合酶，灭活 TaqDNA 聚合酶的方法有：①PCR 产物经酚：氯仿抽提，乙醇沉淀；②加入 10mmol/L 的 EDTA 螯合 Mg^{2+}；③99～100℃加热 10min。目前已有直接纯化 PCR 产物的 Kit 可用。

（6）反应缓冲液：反应缓冲液一般含 10～50mmol/LTris-Cl（20℃下 pH8.3～8.8），50mmol/L KCl 和适当浓度的 Mg^{2+}。Tris-Cl 在 20℃时 pH 为 8.3～8.8，但在实际 PCR 反应中，pH 为 6.8～7.8。50mmol/L 的 KCl 有利于引物的退火。另外，反应液可加入 5mmol/L 的二硫苏糖醇（DDT）或 $100\mu g/mL$ 的牛血清白蛋白（BSA），它们可稳定酶活性，另外加入 T4 噬菌体的基因 32 蛋白则对扩增较长的 DNA 片段有利。各种 Taq DNA 聚合酶商品都有自己特定的一些缓冲液。

2. PCR 反应参数

（1）变性：在第一轮循环前，在 94℃下变性 5～10min 非常重要，它可使模板 DNA 完全解链，然后加入 Taq DNA 聚合酶（hot start），这样可减少聚合酶在低温下仍有活性从而延伸非特异性配对的引物与模板复合物所造成的错误。变性不完全，往往使 PCR 失败，因为未变性完全的 DNA 双链会很快复性，减少 DNA 产量。一般变性温度与时间为 94℃ 1min。在变性温度下，双链 DNA 解链只需几秒钟即可完全，所耗时间主要是为使反应体系完全达到适当的温度。对于富含 GC 的序列，可适当提高变性温度。但变性温度过高或时间过长都会导致酶活性的损失。

（2）退火：引物退火的温度和所需时间的长短取决于引物的碱基组成，引物的长度、引物与模板的配对程度及引物的浓度。实际使用的退火温度比扩增引物的 T_m 值约低 5℃。一般当引物中 GC 含量高，长度长并与模板完全配对时，应提高退火温度。退火温度越高，所得产物的特异性越高。有些反应甚至可将退火与延伸两步合并，只用两种温度（如用 60℃和 94℃）完成整个扩增循环，既省时间又提高了特异性。退火一般仅需数秒钟即可完成，反应中所需时间主要是为使整个反应体系达到合适的温度。通常退火温度和时间为 37～55℃、1～2min。

（3）延伸：延伸反应通常为 72℃，接近于 Taq DNA 聚合酶的最适反应温度 75℃。实际上，引物延伸在退火时即已开始，因为 Taq DNA 聚合酶的作用温度范围可从 20～85℃。延伸反应时间的长短取决于目的序列的长度和浓度。在一般反应体系中，Taq DNA 聚合酶每分钟约可合成 2bp 长的 DNA。延伸时间过长会导致产物非特异性增加。但对很低浓度的目的序列，则可适当增加延伸反应的时间。一般在扩增反应完成后，都需要一步较长时间（10～30min）的延伸反应，以获得尽可能完整的产物，这对以后进行克隆或测序反应尤为重要。

（4）循环次数：当其他参数确定之后，循环次数主要取决于 DNA 浓度。一般而言 25～30 轮循环已经足够。循环次数过多，会使 PCR 产物中非特异性产物大量增加。通常经 25～30 轮循环扩增后，反应中 Taq DNA 聚合酶已经不足，如果此时产物量仍不够，需要进一步扩增，可将扩增的 DNA 样品稀释 103～105 倍作为模板，重新加入各种反应底物进行扩增，这样经 60 轮循环后，扩增水平可达 109～1010。

扩增产物的量还与扩增效率有关，扩增产物的量可用下列公式表示：$C=C_0(1+P)n$。其中：C 为扩增产物量，C_0 为起始 DNA 量，P 为增效率，n 为循环次数。

在扩增后期，由于产物积累，使原来呈指数扩增的反应变成平坦的曲线，产物不再随循环数而明显上升，这称为平台效应。平台期会使原先由于错配而产生的低浓度非特异性产物继续大量扩增，达到较高水平。因此，应适当调节循环次数，在平台期前结束反应，减少非特异性产物。

三、实验材料

1. 材料

不同来源的模板 DNA、经 Sma1 酶切和加 dT 的 pUC 质粒、Taq DNA 聚合酶 5U/μL。

2. 溶液或试剂

10×PCR 反应缓冲液：500mmol/L KCl，100mmol/L Tris-Cl，在 25℃下，pH9.0，1.0%Triton X—100。

$MgCl_2$：25mmol/L。

4 种 dNTP 混合物：每种 2.5mmol/L。

T4 DNA 连接酶缓冲液（10×）：500mmol/L Tris-HCl 缓冲液（pH7.8），100mmol/L Mg^{2+}，10mmol/L ATP、DTT。

5×TBE：Tris 54g，Boric acid 27.5g，0.5mol/L　EDTA（pH7.9）20mL，dH_2O to 1000mL。

其他试剂：矿物油（石蜡油）、1%琼脂糖、酚：氯仿：异戊醇（25：24：1）、无水乙醇和 70%乙醇等。

3. 仪器或其他用具

移液器及吸头、硅烷化的 PCR 小管、DNA 扩增仪、台式高速离心机等。

四、实验步骤

1. PCR 反应

（1）PCR 扩增体系（见表 12-1）。

表 12-1

成分	体积（μL）	成分	体积（μL）
ddH_2O	35	上游引物（引物1）	1
10×PCR 反应缓冲液	5	下游引物（引物2）	1
$MgCl_2$	4	模板 DNA	0.5
4 种 dNTP	1		
		混匀后离心 5s	

（2）将混合物在 94℃下加热 5min 后冰冷，迅速离心数秒，使管壁上液滴沉至管底，加入 Taq DNA 聚合酶（0.5μL 约 2.5U），混匀后稍离心，加入一滴矿物油覆盖于反应混合物上。

（3）用 94℃变性 1min，45℃退火 1min，72℃延伸 2min，循环 35 轮，进行 PCR。最后一轮循环结束后，于 72℃下保温 10min，使反应产物扩增充分。

2. PCR 产物的纯化

扩增的 PCR 产物如利用 T-Vector 进行克隆，可直接使用，如用平末端或黏性末端连接，往往需要将产物纯化。

（1）酚/氯仿法。

1）取反应产物加 100μL TE。

2）加等体积氯仿混匀后用微型离心机 10 000r/min 离心 15s，用移液器将上层水相吸至新的小管中。这样抽提一次，可除去覆盖在表面的矿物油。

3）再用酚∶氯仿∶异戊醇抽提二次，每次回收上层水相。

4）在水相中加 300μL 95％乙醇，置-20℃下 30min 沉淀。

5）在小离心机上 10 000r/min 离心 10min，吸净上清液。加入 1mL 70％乙醇，稍离后，吸净上清液。重复洗涤沉淀两次。将沉淀溶于 7mL ddH$_2$O 中，待用。

（2）Wizard PCR DNA 纯化系统。Wizard PCR DNA 纯化系统可以快速、有效、可靠地提取 PCR 扩增液中的 DNA，提纯后的 DNA 可用于测序、标记、克隆等。

该系统中含有的试剂和柱子可供 50 次 PCR 产物的纯化，试剂包括：50mL Wizard PCR DNA 纯化树脂、5mL 直接提取缓冲液、50 支 Wizard 微型柱。

1）吸取 PCR 反应液水相放于 1.5mL 离心管中。

2）加 100mL 直接提取缓冲液，涡旋混匀。

3）加 1mL PCR DNA 纯化树脂，1min 内涡旋混合 3 次。

4）取一次性注射器，取出注塞，并使注射筒与 Wizard 微型柱连接，用移液枪将上述混合液加入注射筒中，并用注塞轻推，使混合物进入微型柱。

5）将注射器与微型柱分开，取出注塞，再将注射筒与微型柱相连，加入 2mL 80％异丙醇，对微型柱进行清洗。

6）取出微型柱置于离心管中，12 000r/min 离心 20s，以除去微型柱中的洗液。

7）将微型柱放在一个新离心管中，加 50μL TE 或水，静止 1min 后，12 000r/min 离心 20s。

8）丢弃微型柱，离心管中的溶液即为纯化 DNA，存放于 4℃或-20℃。

3．注意事项

（1）纯化树脂在使用前必须充分混匀。

（2）PCR 产物中矿物油应尽量吸去，否则会影响提取 DNA 的产量。

五、作业与思考题

1．降低退火温度对反应有何影响？

2．延长变性时间对反应有何影响？

3．循环次数是否越多越好？为何？

4．如果出现非特异性带，可能有哪些原因？

实验十三　实时荧光定量 PCR 技术

一、实验目的

1．掌握实时荧光定量 PCR 技术及原理；

2．学习 PCR 扩增仪的使用。

二、实验原理

聚合酶链式反应（PCR）可对特定核苷酸片断进行指数级的扩增。在扩增反应结束之后，我们可以通过凝胶电泳的方法对扩增产物进行定性的分析，也可以通过射性核素掺入标记后的光密度扫描来进行定量的分析。无论定性还是定量分析，分析的都是 PCR 终产物。

但是在许多情况下，我们所感兴趣的是未经 PCR 信号放大之前的起始模板量，如我们想知道某一转基因动植物转基因的拷贝数或者某一特定基因在特定组织中的表达量。在这种需求下荧光定量 PCR 技术应运而生。所谓的实时荧光定量 PCR 就是通过对 PCR 扩增反应中每一个循环产物荧光信号的实时检测从而实现对起始模板定量及定性的分析。在实时荧光定量 PCR 反应中，引入了一种荧光化学物质，随着 PCR 反应的进行，PCR 反应产物不断累计，荧光信号强度也等比例增加。每经过一个循环，收集一个荧光强度信号，这样我们就可以通过荧光强度变化监测产物量的变化，从而得到一条荧光扩增曲线图。

一般而言，荧光扩增曲线扩增曲线可以分成 3 个阶段：荧光背景信号阶段、荧光信号指数扩增阶段和平台期。在荧光背景信号阶段，扩增的荧光信号被荧光背景信号所掩盖，我们无法判断产物量的变化。而在平台期，扩增产物已不再呈指数级地增加。PCR 的终产物量与起始模板量之间没有线性关系，所以根据最终的 PCR 产物量不能计算出起始 DNA 拷贝数。只有在荧光信号指数扩增阶段，PCR 产物量的对数值与起始模板量之间存在线性关系，我们可以选择在这个阶段进行定量分析。

为了让学生掌握实时荧光定量 PCR 技术，本文以 SYBR® Green Ⅰ 法相对定量技术为例，设计了一例检测针对 HIV-1 vpr 基因的特异性 siRNA 基因沉默效果的实验。

三、实验材料

1. 样本

cDNA 样本（为细胞共转染 HIV-1 vpr 或 siRNA 表达质粒 48h 后，提取细胞总 RNA，再经反转录获得的 cDNA）。

2. 溶液或试剂

Brilliant® SYBR® Green QPCR Master Mix 检测试剂盒。

3. 仪器

Mx3000P 实时荧光定量 PCR 仪及相应的检测软件 MxPro-Mx3000P。

四、实验步骤

1. 上机前样本的制备

按照 $2\times$ master mix 10.0/μL，Reference dye（1∶500）0.3/μL，Upstream primer 0.85/μL，Downstream primer 0.85/μL，cDNA 1.0/μL，ddH$_2$O 7.0/μL，总体积 20.0/μL。配制 SYBR® Green Ⅰ 实时定量 PCR 的反应体系。本实验检测的目的基因是 HIV-1 vpr 基因，内参选用 GAPDH 基因。每个 cDNA 样本分别配制两种反应体系，一种加 vpr 特异性扩增引物；另一种加 GAPDH 特异性扩增引物。将各反应体系加入薄壁的八联管中，瞬时离心后，将八联管放到 Mx3000P 实时荧光定量 PCR 仪的暗室中，盖上仪器盖子，设定程序后即可进行 PCR 反应。

注意：操作过程中勿用手直接触摸管盖，以免影响透光性从而影响检测结果。

2. 检测程序的设置

双击打开 MxPro-Mx3000P 软件，弹出运行程序对话框，选择 SYBR® Green（with Dissociation Curve）选项，进入采用 SYBR® Green Ⅰ 法进行实时荧光定量 PCR 的检测程序。在页面的右上角显示了 "Setup""Run" 和 "Analysis" 3 个按钮，可用于切换 "参数设置""检测运行" 和 "结果分析" 各命令，进入相应的软件界面。

"Setup" 命令下有两个界面："Plate Setup" 界面用于设立检测孔的位置和相应的信息；"Thermal profile setup" 界面则用于设立实时荧光定量 PCR 检测的热循环条件。

3. 检测孔及相关参数的设置

在"Plate Setup"界面下，用鼠标左键单击选择放置八联管的位置，可将检测孔的类型"Well type"设为未知样本"Unknown"，亦可以根据样本的性质设置为阴性对照、阳性对照或标准品等，还可以对孔进行命名。本实验使用的是 SYBR®Green Ⅰ检测试剂盒，在反应体系中加入了 1∶500 的"Reference dye"，含有 Rox 染料，用于校正荧光信号的非 PCR 波动，降低实验的背景信号。因此，要同时采集 SYBR 和 Rox 两种荧光信号。在"Collect fluorescence data"选项中选择"Rox"和"SYBR"作为仪器要采集的荧光信号；在"Reference dye"选项中选择"Rox"用于校正收集到的荧光信号。

4. 热循环参数的设置

"Thermal profile setup"界面下设置 PCR 反应的热循环条件。在以 SYBR®Green Ⅰ法进行检测时，除按照常规 PCR 反应条件设定反应温度、反应时间和循环次数等参数外，还需设立一个溶解反应过程。参数设定时，可以通过双击显示温度或时间的数字来进行修改。在本实验中，将 segment 1 设定为 95 10min，1 个循环，为模板的预变性阶段；将 segment 2 设定为 95 30s、55 30s、72 30s，40 个循环，是产物扩增的阶段。可以通过鼠标将"Endpoint"采集信号方式拖拉至退火阶段上方，指定仪器在退火阶段结束时采集荧光信号；将 segment 3 设定为 95 60s、55 30s、95 30s，1 个循环，它是 SYBR®Green Ⅰ法进行实时荧光定量 PCR 需设立的溶解反应阶段，用以观察是否存在引物二聚体或非特异性产物等的干扰。此阶段需要采集由 55 上升至 95 所有时间点的荧光信号，因此可用鼠标将"All points"采集信号方式拖拉至这两个温度值之间。

5. 运行检测程序

各项参数设定后，即可点击"Run"进入"检测运行"程序界面。在右下角弹出的对话框中选择"Turn lamp off at end of run"后单击"Start"按钮，此操作的目的是在程序运行结束后，自动关闭激发光源，减少仪器损耗，延长仪器使用寿命。之后在弹出的对话框中选择"Run after warm up"，即在仪器预热结束之后，程序将自动开始运行。

在程序运行过程中，可以实时监测反应的进程。在"检测运行"程序下有两个界面："Thermal Profile States"界面可以清晰地显示当前扩增反应所处的反应阶段，监控循环过程中的温度变化情况；"Raw Data Plots"界面则可以显示每个样本在每次循环过程中荧光数据的变化情况。双击某个检测孔，可以放大显示该孔此时的扩增曲线图。

6. 结果的显示与输出

程序运行结束后，单击"Analysis"按钮，启动结果显示与分析命令。该命令有两个界面，分别为"Analysis Selection/Setup"和"Results"界面。在"Analysis Selection/Setup"界面下，可以选择要分析的孔，并选择在升降温过程或平台期来收集数据进行分析；在"Results"界面下可查看相应孔的检测结果。

可以采用扩增曲线"Amplification plots"、溶解曲线"Dissociation curve"、样本检测值"Plate sample values"、文本报告"Text report"或联合报告"Consolidated reports"几种形式显示实验结果。有时，由于测试的样品较多，若在同一张图中同时反映待检荧光"SYBR"和"Rox"会显得有点杂乱，可以通过单击页面左下角的"SYBR"或"Rox"按钮，从而仅显示"SYBR"荧光信号或"Rox"荧光信号。在图形的空白处单击鼠标右键，可以弹出对话框，选择"show legend"，可以在图上显示图例，以表明何种颜色的线条代表何种待检样本。当对多个样本进行分析时，有时需要对各个样本数据分别显示或某几个样本数据显示在同一张图中，此时可以通过在"Results"界面右下角的"Select amplification plots to display"框，选择想要显示数据的样本孔。

检测结果可以以图形或文本的形式显示或输出。在"File"菜单下，可以用导出的方式导出文本"Export Text Report"或表格资料"Export Chart Data"。该软件还能以幻灯片形式导出结果"Export to Powerpoint®"便于资料的交流、汇报。

7. 结果分析

SYBR®Green Ⅰ是一种可以非特异地结合双链 DNA 小沟部位的荧光染料。它只能嵌入 DNA 双链，不结合单链。当 SYBR®Green Ⅰ在溶液中呈游离状态而未结合 dsDNA 时，仅产生很少的荧光；但当它结合 dsDNA 后，可发出很强的荧光信号。在 PCR 反应体系中，加入过量 SYBR®Green Ⅰ荧光染料，在 PCR 扩增过程中，由于双链 DNA 的增加，荧光信号也增加。因此，在每个 PCR 循环结束时，检测荧光强度的变化，从而可得知 DNA 增加的量。由于 SYBR®Green Ⅰ可以非特异地结合 dsDNA，任何引物对扩增的产物都可用 SYBR® Green Ⅰ检测，因此该方法的优点是能监测任何双链 DNA 序列的扩增，不需要设计特异性的检测探针，使检测方法变得简单，同时也降低了检测的成本。然而，由于荧光染料能和任何 dsDNA 结合，因此它也能与非特异的双链如引物二聚体或非特异性扩增产物等结合，使实验产生假阳性信号，从而影响定量的精确性。

要避免这些非特异荧光信号对定量精确性的影响，可以利用热循环仪内设定的溶解反应程序对扩增产物进行溶解曲线分析。由于扩增子在溶解温度产生的典型溶解峰可以和非特异扩增产物在更低温度下产生的侧峰区分开，因此通过测量升高温度后荧光的变化可以帮助降低非特异产物的影响。

五、作业与思考题

1. 如果实时荧光定量 PCR 没有出现扩增曲线，原因有哪些方面？
2. 对该实验的结果进行定量分析。

实验十四　凝胶的制备及电泳技术

一、实验目的

1. 通过实验学习掌握 DNA 琼脂糖凝胶的制备方法；
2. 了解琼脂糖凝胶电泳技术鉴定 DNA 的原理和方法。

二、实验原理

琼脂糖凝胶电泳是常用的用于分离、鉴定 DNA、RNA 分子混合物的方法，这种电泳方法是以琼脂凝胶作为支持物，利用 DNA 分子在泳动时的电荷效应和分子筛效应，达到分离混合物的目的。DNA 分子在高于其等电点的溶液中带负电，在电场中向阳极移动。在一定的电场强度下，DNA 分子的迁移速度取决于分子筛效应，即分子本身的大小和构型是主要的影响因素。DNA 分子的迁移速度与其相对分子量成反比，不同构型的 DNA 分子的迁移速度不同。如环形 DNA 分子样品，其中有 3 种构型的分子：共价闭合环状的超螺旋分子

（cccDNA）、开环分子（ocDNA）和线形 DNA 分子（IDNA）。这 3 种不同构型分子进行电泳时的迁移速度大小顺序为：cccDNA＞IDNA＞ocDNA。

核酸分子是两性解离分子，pH3.5 是碱基上的氨基解离，而 3 个磷酸基团中只有一个磷酸解离，所以分子带正电，在电场中向负极泳动；而 pH8.0～8.3 时，碱基几乎不解离，而磷酸基团解离，所以核酸分子带负电，在电场中向正极泳动。不同的核酸分子的电荷密度大致相同，因此对泳动速度影响不大。中性或碱性时，单链 DNA 与等长的双链 DNA 的泳动率大致相同。

影响核酸分子泳动率的因素主要如下：

1. 样品的物理性状

即分子的大小、电荷数、颗粒形状和空间构型。一般而言，电荷密度越大，泳动率越大。但是不同核酸分子的电荷密度大致相同，所以电荷密度对泳动率的影响不明显。

对线形分子来说，分子量的常用对数与泳动率成反比，用此标准样品电泳并测定其泳动率，然后进行 DNA 分子长度（bp）的负对数——泳动距离做标准曲线图，可以用于测定未知分子的长度大小。

DNA 分子的空间构型对泳动率的影响很大，比如质粒分子，泳动率的大小顺序为：cDNA＞IDNA＞ocDNA。但是由于琼脂糖浓度、电场强度、离子强度和溴化乙锭等的影响，会出现相反的情况。

2. 支持物介质

核酸电泳通常使用琼脂糖凝胶和聚丙烯酰胺凝胶两种介质，其中琼脂糖是一种聚合链线性分子。含有不同浓度的琼脂糖的凝胶构成的分子筛的网孔大小不同，适于分离不同浓度范围的核酸分子。聚丙烯酰胺凝胶由丙烯酰胺（Acrylamide，AM）在 N，N，N′，N′-四甲基乙二胺（TEMED）和过硫酸铵（AP）的催化下聚合形成长链，并通过交联剂 N，N′-亚甲基双丙烯酰胺（Bis）交叉连接而成，其网孔的大小由 AM 与 Bis 的相对比例决定。

琼脂糖凝胶适合分离长度 100 至 60 的分子，而聚丙烯酰胺凝胶对于小片段（5～500bp）的分离效果最好。选择不同浓度的凝胶，可以分离不同大小范围的 DNA 分子。

3. 电场强度

电场强度越大，带点颗粒的泳动越快。但凝胶的有效分离范围随着电压增大而减小，所以电泳时一般采用低电压，不超过 4V/cm。而对于大片段电泳，甚至用 0.5～1.0V/cm 电泳过夜。进行高压电泳时，只能使用聚丙烯酰胺凝胶。

4. 缓冲液离子强度

核酸电泳常采用 TAE、TBE、TPE 3 种缓冲系统，但它们各有利弊。TAE 价格低廉，但缓冲能力低，必须进行两极缓冲液的循环。TPE 在进行 DNA 回收时，会使 DNA 污染磷酸盐，影响后续反应。所以核酸电泳多采用 TBE 缓冲液。在缓冲液中加入 EDTA，可以整合二价离子，抑制 DNase 保护 DNA。缓冲液 pH 常偏碱性或中性，此时核酸分子带负电，向正极移动。

核酸电泳中常用的染色剂是溴化乙锭（EB）。EB 是一种扁平分子，可以嵌入核酸双链的配对碱基之间。在紫外线照射 BE-DNA 复合物时，出现不同的效应。254nm 的紫外线照射时，灵敏度最高，但对 DNA 损伤严重；360nm 紫外线照射时，虽然灵敏度较低，但对 DNA 损伤小，所以适合对 DNA 样品的观察和回收等操作。300nm 紫外线照射的灵敏度较高，且对 DNA 损伤不是很大，所以也比较适用。

使用 EB 对 DNA 样品进行染色，可以在凝胶中加入终浓度为 0.5μg/mL 的 EB。EB 掺入 DNA 分子中，可以在电泳过程中随时观察核酸的迁移情况，但是如果要测定核酸分子大小时，不宜使用以上方法，而是应该在电泳结束后，把凝胶浸泡在含 0.5μg/mL EB 的溶液中 10～30min 进行染色。EB 见光分解，应在避光条件下 4℃保存。

三、实验材料

1. 材料

λDNA。

2. 溶液或试剂

5×TBE 电泳缓冲液：Tris 54g，硼酸 27.5g，0.5mol/L EDTA 20mL，将 pH 调到 8.0，定容至 1000mL，4℃冰箱保存，用时稀释 10 倍。

6×电泳载样缓冲液：0.25％溴粉蓝，40％（W/V，W—质量，V—体积）蔗糖水溶液，4℃储存。

EB 溶液母液：将 EB 配制成 10mg/mL，用铝箔或黑纸包裹容器，储于室温即可。

其他溶液或试剂：酶解液、琼脂糖等。

3. 仪器或其他用具

水平式电泳装置、电泳仪、离心机、恒温水浴锅、微量移液枪、微波炉或电炉、紫外透射仪、照相支架、照相机及其附件等。

四、实验步骤

1. 准备

取 5×TBE 缓冲液 20mL 加水至 200mL，配制成 0.5×TBE 稀释缓冲液，待用。

2. 胶液的制备

称取 0.4g 琼脂糖，置于 200mL 锥形瓶中，加入 50mL 0.5×TBE 稀释缓冲液，放入微波炉里（或电炉上）加热至琼脂糖全部熔化，取出摇匀，此为 0.8％琼脂糖凝胶液。加热过程中要不时摇动，使附于瓶壁上的琼脂糖颗粒进入溶液。加热时应盖上封口膜，以减少水分蒸发。

3. 胶板的制备

将有机玻璃胶槽两端分别用橡皮膏（宽约 1cm）紧密封住。将封好的胶槽置于水平支持物上，插上样品梳子，注意观察梳子齿下缘应与胶槽底面保持 1mm 左右的间隙。向冷却 50～60℃的琼脂糖胶液中加入 EB 溶液。用移液器吸取少量熔化的琼脂糖凝胶封橡皮膏内侧，待琼脂糖溶液凝固后将剩余的琼脂糖小心地倒入胶槽内，使胶液形成均匀的胶层。倒胶时的温度不可太低，否则凝固不均匀，速度也不可太快，否则容易出现气泡。待胶完全凝固后拔出梳子，注意不要损伤梳底部的凝胶，然后向槽内加入 0.5×TBE 稀释缓冲液至液面恰好没过胶板上表面。因边缘效应样品槽附近会有一些隆起，阻碍缓冲液进入样品槽中，所以要注意保证样品槽中应注满缓冲液。

4. 加样

取 10μL 酶解液与 2μL 6×载样液混匀，用微量移液枪小心加入样品槽中。若 DNA 含量偏低，则可依上述比例增加上样量，但总体积不可超过样品槽容量。每加完一个样品要更换枪头，以防止互相污染，注意上样时要小心操作，避免损坏凝胶或将样品槽底部凝胶刺穿。

5. 电泳

加完样后，合上电泳槽盖，立即接通电源。控制电压保持在 60～80V，电流在 40mA 以上。当溴酚蓝条带移动到距凝胶前沿约 2cm 时，停止电泳。

6. 染色

未加 EB 的胶板在电泳完毕后移入 0.5μg/mL 的 EB 溶液中，室温下染色 20～25min。

7. 观察和拍照

在波长为 254nm 的长波长紫外灯下观察染色后的或已加有 EB 的电泳胶板。DNA 存在处显示出肉眼可辨的橘红色荧光条带。紫光灯下观察时应戴上防护眼镜或有机玻璃面罩，以免损伤眼睛。将照相机镜头加上近摄镜片和红色滤光片后将相机固定于照相架上，采用全色胶片，光圈 5.6，曝光时间 10～120s（根据荧光条带的深浅选择）。

8. DNA 分子量标准曲线的制作

在放大的电泳照片上，以样品槽为起点，用卡尺测量 λDNA 的 EcoR I 和 Hind III 酶切片段的迁移距离，以厘米（cm）为单位。以核苷酸数的常用对数为纵坐标，以迁移距离为横坐标，在坐标纸上绘出连接各点的平滑曲线，即为该电泳条件下 DNA 分子量的标准曲线。

9. 注意事项

（1）酶活力通常用酶单位（U）表示，酶单位的定义是：在最适反应条件下，1h 完全降解 1mg λDNA 的酶量为一个酶单位，但是许多实验制备的 DNA 不像 λDNA 那样易于降解，需适当增加酶的使用量。反应液中加入过量的酶是不合适的，除考虑成本外，酶液中的微量杂质可能干扰随后的反应。

（2）市场销售的酶一般浓度很大，为节约起见，使用时可事先用酶反应缓冲液（1×）进行稀释。另外，酶通常保存在 50% 的甘油中，实验中，应将反应液中甘油浓度控制在 1/10 之下，否则酶活性将受影响。

（3）观察 DNA 离不开紫外透射仪，可是紫外光对 DNA 分子有切割作用。从胶上回收 DNA 时，应尽量缩短光照时间并采用长波长紫外灯（300～360nm），以减少紫外光切割 DNA。

（4）EB 是强诱变剂并有中等毒性，配制和使用时都应戴手套，并且不要把 EB 洒到桌面或地面上；凡是沾染了 EB 的容器或物品必须经专门处理后才能清洗或丢弃。

（5）当 EB 太多，胶染色过深，DNA 带看不清时，可将胶放入蒸馏水冲泡，30min 后再观察。

五、思考题

如何通过分析电泳图谱评判基因组 DNA、质粒 DNA 等的提取物的质量？

实验十五　RNA 的提取及逆转录

一、实验目的

1. 学习掌握真核生物细胞基因组 RNA 的提取原理和方法；
2. 学习掌握逆转录－聚合酶链反应的原理和方法；
3. 学习掌握 PCR 技术原理和基本实验步骤。

二、实验原理

获得高纯度和完整的 RNA 是很多分子生物学实验所必需的，如 Northern 杂交、cDNA 合成及体外翻译等实验。由于细胞内大部分 RNA 是以核蛋白复合体的形式存在，所以在提取 RNA 时要利用高浓度的蛋白质变性剂，迅速破坏细胞结构，使核蛋白与 RNA 分离，释放出 RNA。再通过酚、氯仿等有机溶剂处理、离心，使 RNA 与其他细胞组分分离，得到纯化的总 RNA。

通常一个典型的哺乳动物细胞约含 $10\sim5\mu g$ RNA，其中大部分为 rRNA 及 tRNA，而 mRNA 仅占 $1\%\sim5\%$。在基因表达过程中，mRNA 作为蛋白质翻译合成的模板，编码了细胞内所有的多肽和蛋白质，因此 mRNA 是分子生物学的主要研究对象之一。mRNA 分子种类繁多，分子大小不均一，但在多数真核细胞 mRNA 的 $3'$ 末端都带有一段较长的多聚腺苷酸链（polyA），可以从总 RNA 中用寡聚（dT）亲和层析等方法分离出 mRNA。

聚合酶链反应（Polymerase Chain Reaction，PCR）是利用两已知序列的寡核苷酸作为上、下游引物，在耐热性 DNA 聚合酶（Taq 酶）作用下将位于模板 DNA 上两引物间特定 DNA 片段进行一种指数级增长的复制过程。PCR 反应体系由模板 DNA、引物、耐热性 DNA 聚合酶、底物（4 种 dNTP）、缓冲液和 Mg^{2+} 等组成。其操作过程为变性、退火、延伸等 3 个步骤循环进行。其中，变性是加热条件下模板 DNA 双链间的解离，退火是降低温度使模板 DNA 与高浓度引物间的互补结合，延伸是在耐热性 DNA 聚合酶和 Mg^{2+} 等存在下扩增特定的 DNA 片段。每次循环扩增产物又可作为下一循环的模板，因此理论上每经过一轮变性、退火、延伸三个步骤，特定 DNA 片段的分子数目增加一倍。耐热性 DNA 聚合酶的应用使 PCR 循环反应可自动进行，提高了反应的特异性和效率。引物设计是 PCR 技术的关键步骤，直接影响扩增的效率和特异性。同时，通过适当改变引物的设计可实现多种 PCR 技术，现在利用计算机软件可辅助设计某一已知序列基因的特定引物。PCR 是一种体外大量扩增特异 DNA 片段的分子生物学技术，具有省时、操作简便、特异性强、灵敏度高、效率高、应用范围广等特点。PCR 技术在医学、分子生物学领域得到广泛应用，如应用于 DNA 克隆、突变分析、基因融合、基因半定量、遗传性疾病的诊断等方面。PCR 技术还可与其他分子生物学技术相结合发展产生新的技术，如逆转录 PCR（RT-PCR）、反向 PCR（IPCR）、不对称 PCR 等，使 PCR 在科研及临床上的应用得到更大发展。

逆转录是依赖 RNA 的 DNA 合成作用，以 RNA 为模版，由 dNTP 聚合成 DNA 分子。反应过程先以单链 RNA 的基因组为模板，催化合成一条单链 DNA。产物与模板生成 RNA：DNA 杂化双链，杂化双链中的 RNA 被 RNA 酶水解后，再以新合成的单链 DNA 为模板，催化合成第二链的 DNA。催化此反应的酶称为逆转录酶。

逆转录－聚合酶链反应（Reverse Transcription-Polymerase Chain Reaction，RT-PCR）

是 PCR 技术的一种广泛应用的形式，原理是：提取组织或细胞中的总 RNA，以其中的 mR-NA 作为模板，采用 Oligo（dT）或随机引物利用逆转录酶反转录成 cDNA，再以 cDNA 为模板进行 PCR 扩增，而获得目的基因或检测基因表达。RT-PCR 使 RNA 检测的灵敏性提高了几个数量级，使一些极为微量 RNA 样品分析成为可能。该技术主要用于分析基因的转录产物、获取目的基因、合成 cDNA 探针、构建 RNA 高效转录系统。

本实验通过提取培养细胞的总 RNA，以逆转录酶进行逆转录反应获得 cDNA，作为 PCR 的模板扩增入 3 - 磷酸甘油醛脱氢酶（GAPDH）基因中一段 300bp 的 DNA 片段，两个引物的 5′ 末端分别引入 EcoR Ⅰ 和 BamH Ⅰ 的酶切位点，为 DNA 重组实验做准备。

三、实验材料

1. 材料

培养细胞或组织。

2. 溶液或试剂

DEPC 水：100mL ddH$_2$O 中加入 DEPC 0.1mL，充分振荡，37℃孵育过夜。0.103MP 121℃高压灭菌 20min，4℃保存备用。

其他溶液或试剂：溴化乙锭（EB）、Trizol、异丙醇、氯仿、70％乙醇、逆转录酶、dNTPmix 、PCR buffer、Oligo（dT）或随机引物、Ribonuclease inhibitor、10×Taq DNA 酶缓冲液、Taq DNA 聚合酶（5U/μL）、对应目的基因的特异上下游引物。

3. 仪器或其他用具

离心管、微量移液枪、枪头、冰盒、离心机等。

四、实验步骤

1. 真核细胞总 RNA 的提取与鉴定

（1）培养细胞：收集细胞 $1×10^7$～$2×10^7$ 于 1.5mL 离心管中，加入 Trizol 1mL，混匀，室温静置 5min。

（2）组织：取 1～2g 组织（新鲜或 -70℃及液氮中保存的组织均可）置组织匀浆器中，加入 Trizol 1mL，混匀，室温静置 5min。

（3）加 0.2mL 氯仿，振荡 15s，静置 2min。

（4）4℃ 12 000r/min 离心 15min。

（5）小心吸取上层含有 RNA 的水相，并转移至一新的 1.5mL 离心管中。避免吸取两相之间的蛋白物质。

（6）加 0.6 倍体积的异丙醇，轻轻颠倒混匀，室温放置 10min。

（7）4℃ 12 000 r/min 离心 10min。

（8）弃上清液，加入 70％乙醇 1mL 洗涤 RNA 沉淀。4℃ 12 000 r/min 离心 5min。

（9）弃上清液，将沉淀晾干。

（10）加入适量 DEPC 水溶液溶解 RNA（65℃促溶 10～15min）。

（11）总 RNA 定量：RNA 定量方法与 DNA 定量相似，RNA 在 260nm 波长处有最大的吸收峰。OD_{260} 值为 1 时约相当于 40μg/mL 单链 RNA。

（12）结果分析：根据 OD_{260} 可计算 RNA 样品浓度：RNA（mg/mL）$= 40×OD_{260}×$稀释倍数/1000。RNA 纯品的 OD_{260}/OD_{280} 的比值为 2.0，故根据 OD_{260}/OD_{280} 的比值可以估计 RNA 的纯度。若比值较低，说明有残余蛋白质存在；比值太高，则提示 RNA 有降解。

2. 逆转录反应

（1）在 0.5mL 微量离心管中，加入提取的总 RNA 1.5μg，补充适量的 DEPC H$_2$O 使总体积达 11μL。在管中加 10μM Oligo（dT）1μL 或 random hexamer primer（随机引物）1μL，轻轻混匀、离心。

（2）70℃加热 5min，立即将 0.5mL 微量离心管插入冰上。然后加入下列试剂的混合物（见表 15 - 1）：

表 15 - 1

成分	体积（μL）	成分	体积（μL）
5×PCR buffer	4	10mM dNTP mix	2
Ribonuclease inhibitor	1		

轻轻混匀，离心

（3）37℃ 5min（若用 random hexamer primer，25℃ 5min）。

（4）加 M-MuLV ReverseTranscriptase（逆转录酶）1μL，总体积 20μL。在 42℃ 60min，（若用 random hexamer primer，先 25℃ 10min，后 42℃ 60min）。

（5）于 70℃加热 15min 以终止反应。

3. 注意事项

（1）在实验过程中要严格控制内源和外源的 RNA 酶污染，保护 RNA 分子不被降解，因此提取必须在无 RNase 的环境中进行。

（2）要避免沉淀完全干燥，否则 RNA 难以溶解。

（3）纯化模板所选用的方法对污染的风险有极大影响，一般而言，只要能够得到可靠的结果，纯化的方法越简单越好。

（4）试剂或样品准备过程中都要使用一次性灭菌的塑料瓶和管子，玻璃器皿应洗涤干净并高压灭菌。

（5）所有操作应在冰上完成。

五、思考题

1. 提取 RNA 时，如何防止 RNA 酶的污染？

2. 阳性菌 RNA 的提取可否用 Trizol？

3. 造成 OD$_{260}$/OD$_{280}$ 的比值偏低的原因有哪些？

实验十六　蛋白质的提取纯化

一、实验目的

1. 了解蛋白质的提取纯化原理；
2. 学习掌握提取纯化细菌中蛋白质的方法。

二、实验原理

细菌蛋白质提取分离的主要步骤：清洗细胞、裂解细胞、离心沉淀获得可溶性蛋白质粗提物，然后通过有机溶剂或盐析等沉淀离心、层析、电泳等进一步纯化，得纯化蛋白。细菌蛋白主要包括膜蛋白、胞浆蛋白和核蛋白。胞浆蛋白质的提取相对简单，细胞膜或细胞壁破碎后，用适当溶剂将蛋白质溶出，再用离心法除去不溶物，得到提取液。而膜蛋白和核蛋白的提取相对比较复杂。膜蛋白按其所在位置分为外周蛋白和固有蛋白。外周蛋白通过次级键与膜外侧脂质的极性头部螯合在一起，应选择适当离子强度及 pH 的缓冲液将其提取出。固有蛋白嵌和在膜脂质双层中，通过疏水键于膜内侧脂质层的疏水性尾部结合，增加了提取难度。核蛋白则被 DNA 包裹，相对提取难度也较大。因此，在总蛋白质提取的过程中要兼顾这三类蛋白质的特点，在低温下操作完成。

三、实验材料

1. 材料

新鲜菌液样品。

2. 溶液或试剂

配制裂解液（pH 8.5～9.0）：50mmol/L Tris-HCl，2mmol/L EDTA，100mmol/L NaCl，0.5％ Triton X-100，调 pH 值至 8.5～9.0。

配制疏水性蛋白提取液：1％ Triton X-114，150mmol/L NaCl，10mmol/L Tris-HCl，1mmol/L EDTA，调 pH 值至 8.0 备用。

溶菌酶、蛋白酶抑制剂 PMSF、PBS 磷酸缓冲盐溶液、含 5mmol/L $MgCl_2$ 的 PBS、20mmol/L 的 $CaCl_2$ 表面活性剂 Triton X-114、丙酮、1％ SDS 溶液、去离子水。

3. 仪器或其他用具

超声波清洗仪、离心机、离心管、冰盒。

四、实验步骤

（一）提取总蛋白（简易法）

1. 裂解液用前加入 100μg/mL 的溶菌酶，1μL/mL 的蛋白酶抑制剂 PMSF。该裂解液用量为 10～50mL 裂解液/1g 湿菌体。

2. 将 40mL 菌液在 12 000r/min、4℃下离心 15min 收集菌体，沉淀用 PBS 悬浮洗涤两遍，沉淀加入 1mL 裂解液悬浮菌体。

3. 超声粉碎，采用 300W、10s 超声/10s 间隔，超声 20min，反复冻融超声 3 次至菌液变清或者变色。

4. 1000r/min 离心去掉大碎片，上清液用 1％ SDS 溶液透析后冻存。

缺点：疏水性跨膜蛋白提取效率有限。

（二）提取疏水性膜蛋白（Triton X-114 去污剂法）

1. 菌液于 4℃条件下 15 000r/min 离心 15min 收集菌体，用 1mL 含有 5mmol/L MgCl₂ 的 PBS 洗涤 3 次，最后于 4℃条件下 15 000r/min 离心 15min 收集菌体。

2. 菌体沉淀加入 1mL 冷提取液，于 4℃条件下放置 2h，17 000r/min 离心 10min，去除沉淀取上清液。

3. 将上述上清液中的 Triton X-114 含量增加到 2%，再加入 20mmol/L 的 CaCl₂ 抑制部分蛋白酶活性，37℃条件下放置 10min 使其分层。室温下 1000r/min 离心 10min 使液相和去污相充分分层。

4. 将液相和去污相分开，分别用 10 倍体积的冷丙酮在冰上沉淀 45min。

5. 于 4℃条件下 17 000r/min 离心 30min，用去离子水洗涤沉淀 3 次。

6. 将沉淀溶解在 1% SDS 溶液中，测定蛋白浓度，比较液相和去污相中蛋白提取效率，一般是去污相中疏水性膜蛋白较多，适于进一步蛋白实验。

五、作业与思考题

1. 如何保证实验结果的准确性？实验过程中要注意哪些方面的问题？

2. 提取的蛋白质纯度过低时要如何调节？

实验十七　质粒的分离纯化和鉴定

一、实验目的

1. 学习凝胶电泳进行质粒 DNA 的分离纯化的实验原理；

2. 掌握凝胶中质粒 DNA 的分离纯化方法；

3. 学习碱变性法提取质粒 DNA 的原理及各种试剂的作用；

4. 掌握碱变性法提取质粒 DNA 的方法。

二、实验原理

1. 碱变性法提取质粒 DNA

提取和纯化质粒 DNA 的方法很多，目前常用的有碱变性提取法、煮沸法、羟基磷灰石柱层析法、EB - 氯化铯密度梯度离心法和 Wizard 法等。其中，碱变性提取法最为经典和常用，适于不同量质粒 DNA 的提取。该方法操作简单，易于操作，一般实验室均可进行，且提取的质粒 DNA 纯度高，可直接用于酶切、序列测定及分析。EB - 氯化铯密度梯度离心法主要适合于相对分子质量与染色体 DNA 相近的质粒，具有纯度高、步骤少、方法稳定，且得到的质粒 DNA 多为超螺旋构型等优点，但提取成本高，需要超速离心设备。少量提取质粒 DNA 还可用煮沸法、Wizard 法等，煮沸法提取的质粒 DNA 中常含有 RNA，但不影响限制性核酸内切酶的消化、亚克隆及连接反应等。

碱变性法提取质粒 DNA 一般包括 3 个基本步骤：培养细菌细胞以扩增质粒；收集和裂解细胞；分离和纯化质粒 DNA。

在细菌细胞中，染色体 DNA 以双螺旋结构存在，质粒 DNA 以共价闭合环状形式存在。细胞破碎后，染色体 DNA 和质粒 DNA 均被释放出来，但两者变性与复性所依赖的溶液 pH

值不同。在 pH 值高达 12.0 的碱性溶液中，染色体 DNA 氢键断裂，双螺旋结构解开而变性；共价闭合环状质粒 DNA 的大部分氢键断裂，但两条互补链不完全分离。当用 pH 值 4.6 的 KAc（或 NaAc）高盐溶液调节碱性溶液至中性时，变性的质粒 DNA 可恢复原来的共价闭合环状超螺旋结构而溶解于溶液中；但染色体 DNA 不能复性，而是与不稳定的大分子 RNA、蛋白质-SDS 复合物等一起形成缠连的、可见的白色絮状沉淀。这种沉淀通过离心，与复性的溶于溶液的质粒 DNA 分离。溶于上清液的质粒 DNA，可用无水乙醇和盐溶液，减少 DNA 分子之间的同性电荷相斥力，使之凝聚而形成沉淀。由于 DNA 与 RNA 性质类似，乙醇沉淀 DNA 的同时，也伴随着 RNA 沉淀，可利用 RNase A 将 RNA 降解。质粒 DNA 溶液中的 RNase A 以及一些可溶性蛋白，可通过酚/氯仿抽提除去，最后获得纯度较高的质粒 DNA。

2. 凝胶电泳分离纯化 DNA

电泳（electrophoresis）是带电物质在电场中向着与其电荷相反的电极方向移动的现象。各种生物大分子在一定 pH 条件下，可以解离成带电荷的离子，在电场中会向相反的电极移动。凝胶是支持电泳介质，它具有分子筛效应。含有电解液的凝胶在电场中，其中的电离子会发生移动，移动的速度可因电离子的大小形态及电荷量的不同而有差异。利用移动速度差异，就可以区别各种大小不同的分子。因而，凝胶电泳可用于分离、鉴定和纯化 DNA 片段，是分子生物学的核心技术之一。

凝胶电泳技术操作简单而迅速，分辨率高，分辨范围广。此外，凝胶中 DNA 的位置可以用低浓度荧光插入染料如溴化乙锭（ethidium bromide，EB）或 SYBR Gold 染色直接观察到，甚至含量少至 20pg 的双链 DNA 在紫外激发下也能直接检测到。需要的话，这些分离的 DNA 条带可以从凝胶中回收，用于各种各样目的的实验。

分子生物学中，常用的两种凝胶为琼脂糖（agarose）和聚丙烯酰胺凝胶。这两种凝胶能灌制成各种形状、大小和孔径，也能以许多不同的构型和方位进行电泳。聚丙烯酰胺凝胶分辨率高，使用于较小分子核酸（5～500bp）的分离和蛋白质电泳。它的分辨率非常高，长度上相差 1bp 或质量上相差 0.1％的 DNA 都可以彼此分离，这也是采用聚丙烯酰胺凝胶电泳进行 DNA 序列分析的分子基础。虽然它能很快地进行电泳，并能容纳较大的 DNA 上样量，但是与琼脂糖凝胶相比，在制备和操作上较为烦琐。琼脂糖是从海藻中提取的长链状多聚物，由 β-D-吡喃半乳糖与 3,6-脱水-L-吡喃半乳糖组成，相对分子质量为 104～105。琼脂糖加热至 90℃左右，即可融化形成清亮、透明的液体，浇在模版上冷却后形成凝胶，其凝固点为 40～45℃。琼脂糖凝胶相对于聚丙烯酰胺凝胶分辨率低，但它的分离范围更大（50 至百万 bp），小片段 DNA（50～20 000bp）最适合在恒定轻度和方向的电场中水平方向的琼脂糖凝胶内电泳分离。琼脂糖凝胶电泳易于操作，适用于核酸电泳、测定 DNA 的相对分子质量、分离经限制酶水解的 DNA 片段、进一步纯化 DNA 等。

琼脂糖凝胶电泳是一种常用的方法。在溶液中，由于核酸有磷酸基而带有负电荷，在电场中向正极移动。DNA 在琼脂糖凝胶中的电泳迁移率主要取决于 6 个因素：样品 DNA 分子的大小、DNA 分子的构象、琼脂糖凝胶浓度、电泳所用电场、缓冲液和温度。

三、实验材料

1. 菌体

含 PBS 的 E. coli DH5α 菌株。

2. 溶液或试剂

氨苄青霉素母液：配成 50mg/mL 水溶液，一20℃保存备用。

溶菌酶溶液：用 10mmol/L Tris-Cl（pH8.0）溶液配制成 10mg/mL，并分装成小份（如 1.5mL）保存于一20℃，每一小份一经使用后便予丢弃。

3mol/L NaAc（pH5.2）：50mL 水中溶解 40.81g NaAc·$3H_2O$，用冰醋酸调 pH 至 5.2，加水定容至 100mL，分装后高压灭菌，储存于 4℃冰箱。

溶液 I：50mmol/L 葡萄糖、25mmol/L Tris-Cl（pH8.0）、10mmol/L EDTA（pH8.0）。溶液 I 可成批配制，每瓶 100mL，高压灭菌 15min，储存于 4℃冰箱。

溶液 II：0.2mol/L NaOH（临用前用 10mol/L NaOH 母液稀释）、1% SDS。

溶液 III：5mol/L KAc 60mL、冰醋酸 11.5mL、H_2O 28.5mL，定容至 100mL，并高压灭菌。溶液终浓度为：K^+ 3mol/L，Ac^- 5mol/L。

RNA 酶 A 母液：将 RNA 酶 A 溶于 10mmol/L Tris-Cl（pH7.5）、15mmol/L NaCl 中，配成 10mg/mL 的溶液，于 100℃加热 15min，使混有的 DNA 酶失活。冷却后用 1.5mL 离心管分装成小份保存于一20℃。

饱和酚：市售酚中含有醌等氧化物，这些产物可引起磷酸二酯键的断裂及导致 RNA 和 DNA 的交联，应在 160℃用冷凝管进行重蒸。重蒸酚加入 0.1%的 8-羟基喹啉（作为抗氧化剂），并用等体积的 0.5mol/L Tris-Cl（pH8.0）和 0.1mol/L Tris-Cl（pH8.0）缓冲液反复抽提使之饱和并使其 pH 值达到 7.6 以上，因为酸性条件下 DNA 会分配于有机相。

酚/氯仿（1:1）：按氯仿:异戊醇＝24:1 体积比加入异戊醇。氯仿可使蛋白变性并有助于液相与有机相的分开，异戊醇则可起消除抽提过程中出现的泡沫。按体积比 1:1 混合上述饱和酚与氯仿即可。

TE 缓冲液：10mmol/L Tris-Cl（pH8.0），1mmol/L EDTA（pH8.0）。高压灭菌后储存于 4℃冰箱中。

STET：0.1mol/L NaCl，10mmol/L Tris-Cl（pH8.0），10mmol/L EDTA（pH8.0），5% Triton X-100。

STE：0.1mol/L NaCl，10mmol/L Tris-Cl（pH8.0），1mmol/L EDTA（pH8.0）。

TBE 缓冲液（5×）：称取 Tris 54g、硼酸 27.5g，并加入 0.5mol/L EDTA（pH8.0）20mL，定溶至 1000mL。

上样缓冲液（6×）：0.25% 溴酚蓝、40%（W/V）蔗糖水溶液。

3. 培养基

LB 液体培养基配方如下：

蛋白胨	10g
酵母提取物	5g
NaCl	10g
水	1000ml
pH 值	7.5

0.07MPa 高压灭菌锅，灭菌 20min。

配制 LB 固体培养基：液体培养基中每升加 12g 琼脂粉，0.07MPa 高压灭菌锅，灭菌 20min。

4. 仪器或其他用具

恒温振荡培养箱、高速冷冻离心机、旋涡振荡器、水浴锅、离心管、微量移液器、微波炉、电泳仪、制胶槽、电泳槽、锥形瓶、电子天平、手套、紫外灯等。

四、实验步骤

1. 细菌的培养和收集

将含有质粒 PBS 的 DH5α 菌种接种在 LB 固体培养基（含 50μg/mL Amp）中，37℃ 培养 12～24h。用无菌牙签挑取单菌落接种到 5mL LB 液体培养基（含 50μg/mL Amp）中，37℃ 振荡培养约 12h 至对数生长后期。

2. 质粒 DNA 少量快速提取

质粒 DNA 小量提取法对于从大量转化子中制备少量部分纯化的质粒 DNA 十分有用。这些方法共同特点是简便、快速，能同时处理大量试样，所得 DNA 有一定纯度，可满足限制酶切割、电泳分析的需要。

（1）取 1.5mL 培养液倒入 1.5mL 离心管中，4℃下 12 000r/min 离心 30s。

（2）弃上清液，将管倒置于卫生纸上数分钟，使液体流尽。

（3）菌体沉淀重悬浮于 100μL 溶液 Ⅰ 中（需剧烈振荡），室温下放置 5～10min。

（4）加入新配制的溶液 Ⅱ 200μL，盖紧管口，快速温和颠倒离心管数次，以混匀内容物（千万不要振荡），冰浴 5min。

（5）加入 150μL 预冷的溶液 Ⅲ，盖紧管口，并倒置离心管，温和振荡 10s，使沉淀混匀，冰浴中 5～10min，4℃下 12 000r/min 离心 5～10min。

（6）上清液移入干净离心管中，加入等体积的酚/氯仿（1∶1），振荡混匀，4℃下 12 000r/min 离心 5min。

（7）将水相移入干净离心管中，加入两倍体积的无水乙醇，振荡混匀后置于 -20℃ 冰箱中 20min，然后 4℃下 12 000r/min 离心 10min。

（8）弃上清液，将管口敞开倒置于卫生纸上使所有液体流出，加入 1mL 70% 乙醇洗沉淀一次，4℃下 12 000r/min 离心 5～10min。

（9）吸除上清液，将管倒置于卫生纸上使液体流尽，真空干燥 10min 或室温干燥。

（10）将沉淀溶于 20μL TE 缓冲液（pH8.0，含 20μg /mL RNase A）中，储于 -20℃ 冰箱中。

注意： ①提取过程应尽量保持低温；②提取质粒 DNA 过程中除去蛋白很重要，采用酚/氯仿去除蛋白效果较单独用酚或氯仿好，要将蛋白尽量除干净需多次抽提；③沉淀 DNA 通常使用冰乙醇，在低温条件下放置时间稍长可使 DNA 沉淀完全。沉淀 DNA 也可用异丙醇（一般使用等体积），且沉淀完全，速度快，但常把盐沉淀下来，所以多数还是用乙醇。

3. 质粒 DNA 的大量提取和纯化

（1）取培养至对数生长后期的含 PBS 质粒的细菌培养液 250mL，4℃下 5000r/min 离心 15min，弃上清液，将离心管倒置使上清液全部流尽。

（2）将细菌沉淀重新悬浮于 50mL 用冰预冷的 STE 中（此步可省略）。

（3）同步骤 1 方法离心以收集细菌细胞。

（4）将细菌沉淀物重新悬浮于 5mL 溶液 Ⅰ 中，充分悬浮菌体细胞。

（5）加入 12mL 新配制的溶液 Ⅱ，盖紧瓶盖，缓缓地颠倒离心管数次，以充分混匀内容物，冰浴 10min。

（6）加 9mL 用冰预冷的溶液Ⅲ，摇动离心管数次以混匀内容物，冰上放置 15min，此时应形成白色絮状沉淀。

（7）4℃下 5000r/min 离心 15min。

（8）取上清液，加入 50ml RNA 酶 A（10mg/mL），37℃水浴 20min。

（9）加入等体积的饱和酚/氯仿，振荡混匀，4℃下 12 000 r/min 离心 10min。

（10）取上层水相，加入等体积氯仿，振荡混匀，4℃下 12 000 r/min 离心 10min。

（11）取上层水相，加入 1/5 体积的 4mol/L NaCl 和 10％ PEG（分子量 6000），冰上放置 60min。

（12）4℃下 12 000r/min 离心 15min，沉淀用 0.2mL 70％冰冷乙醇洗涤，4℃下 12 000 r/min 离心 5min。

（13）真空抽干沉淀，溶于 500mL TE 或水中。

注意：①提取过程中应尽量保持低温；②加入溶液Ⅱ和溶液Ⅲ后操作应混合，切忌剧烈振荡；③由于 RNA 酶 A 中常存在有 DNA 酶，利用 RNA 酶耐热的特性，使用时应先对该酶液进行热处理（80℃ 1h），使 DNA 酶失活。

4. DNA 纯度检测

（1）取 40mL TAE（1×）于 300mL 锥形瓶中，加入 0.4g 琼脂糖凝胶，放入微波炉内使其溶化，60℃时倒入准备好的制胶槽中。

（2）取 5.0μL 纯化 DNA 加入 1.0μL 上样缓冲液，混合，进行点样。

（3）点样完毕后，100V 200mA 条件下电泳 30min。

（4）电泳完毕后，进行 EB 染色，用凝胶成像仪拍照，得到实验结果。

注意：①制胶时，胶液温度过高，会使模具变性，影响胶孔大小和胶形状，从而间接影响加样量和跑条带；胶液温度过低，会凝固。所以在胶液冷却至 50～60℃左右倒胶。②注意加样时枪尖应恰好置于液面下凝胶点样孔上方，不可刺穿凝胶，也要防止将样品溢出孔外。③溴化乙锭是一种强致突变剂，应严格戴手套操作。

五、思考题

1. 质粒的基本性质有哪些？

2. 质粒载体与天然质粒相比有哪些改进？

3. 在碱变性法提取质粒 DNA 操作过程中应注意哪些问题？

实验十八　感受态细菌的制备及细菌的转化

一、实验目的
1. 学习掌握制备感受态细菌的原理和方法；
2. 学习掌握细菌转化和筛选的原理和方法；
3. 通过实验学会提高转化效率的思路。

二、实验原理
感受态是受体菌能接受外源 DNA 能力的一种生理状态。转化是指某一细胞系由于接受了外源 DNA，而导致其原来的遗传性状发生改变，这种遗传性状包括遗传型和表型的改变。转化率的高低与受体菌的感受态有关，只有处于感受态的细胞才能摄取外源 DNA 分子。用预冷的 $CaCl_2$ 溶液处理对数期的细胞培养物，可诱导细菌产生短暂的感受态，在此期间，它们易于接受外来 DNA。转化混合物中的 DNA 形成抗 Dnase 的羟基-钙磷酸复合物黏附于细胞表面，经 42℃ 短暂热击后，促进细胞吸收 DNA 复合物，在丰富培养基上生长数小时后，球状细胞复原并分裂繁殖，被转化的细菌中，如果外源 DNA 中的基因在转化的细菌中得到表达，在选择性培养基上，可选出所需转化子。

本实验采用质粒 pUC118 转化大肠杆菌 DH-5，通过氨苄青霉素抗性筛选转化子。

三、实验材料
1. 材料

菌种：大肠杆菌 DH-5。

质粒 pUC118（ampicillin，Amp^r）。

2. 溶液或试剂

抗生素：氨苄青霉素（ampicillin，Amp），配制成 100mg/mL 备用。

0.1mol/L $CaCl_2$ 溶液：称取 1.1g 无水 $CaCl_2$，溶于 90mL 蒸馏水中，定容至 100mL，装于 250mL 三角瓶中，0.07MPa 高压灭菌 30min，4℃ 下保存。

10% 甘油。

3. 培养基

LB 液体培养基配方如下：

蛋白胨	10g
酵母提取物	5g
NaCl	10g
水	1000mL
pH 值	7.5

0.07MPa 高压灭菌锅，灭菌 20min。

配制 LB 固体培养基：液体培养基中每升加 12g 琼脂粉，0.07MPa 高压灭菌锅，灭菌 20min。

4. 仪器或其他用具

接种针、移液管、离心管、培养皿、试管、三角瓶、冰块、试管铝帽、纱布盖、牛皮纸、线绳、硫酸纸、净化工作台、摇床机、离心机、恒温水浴锅、培养箱等。

四、实验步骤

以下均需无菌操作。

1. 感受态细胞的制备

（1）$CaCl_2$法。

1）大肠杆菌 DH-5 冷冻保存的菌种，挑取一环，画线接种在 LB 固体培养基平板上（活化菌种），37℃培养过夜（约 16h）。

2）从长好的平板上挑取一个单菌落，转接在含有 3mL LB 液体培养基的试管中，37℃振荡培养过夜（约 16h）。

3）取 0.3mL 菌液接种于 20mL LB 液体培养基的 250mL 三角瓶中，37℃振荡培养 2～3h，待 OD_{600} 值达到 0.3～0.4 时，取下三角瓶，立即置冰浴 10～15 min。

4）将细菌转移到一个灭菌的 50mL 离心管中，4℃下 3000r/min 离心 10min，弃去上清液（尽可能将所有的上清液去净），收集菌体。

5）加入 20mL 用冰预冷的 0.1mol/L $CaCl_2$ 溶液，重新悬浮菌体，使菌体分散均匀，置冰浴中 30min。

6）4℃下 3000r/min 离心 10min，弃去上清液（尽可能将所有的上清液去净）。

7）再加入 2mL 用冰预冷的 0.1mol/L $CaCl_2$ 溶液，小心重新悬浮菌体（操作要轻）。在 4℃冰箱中放置 12～24h，即可应用于 DNA 转化。

（2）电转化法。

1）前夜接种受体菌（大肠杆菌 DH-5），挑取单菌落于 LB 培养基中 37℃摇床培养过夜。

2）取 2mL 过夜培养物转接于 200mL LB 培养基中，在 37℃摇床上剧烈振荡培养至 $OD_{600}=0.6$（约 2.5～3h）。

3）将菌液迅速置于冰上。

以下步骤务必在超净工作台和冰上操作。

4）吸取 1.5mL 培养好的菌液至 1.5mL 离心管中，在冰上冷却 10min。

5）4℃下 3000r/min 冷冻离心 5min。弃去上清液，加入 1500μL 冰冷的 10%甘油，用移液枪轻轻上下吸动打匀，使细胞重新悬浮。

6）4℃下 3000r/min 冷冻离心 5min。弃去上清液，加入 750μL 冰冷的 10%甘油，用移液枪轻轻上下吸动打匀，使细胞重新悬浮。

7）4℃下 3000r/min 冷冻离心 5min。

8）加入 20μL 冰冷的 10%甘油，用移液枪轻轻上下吸动打匀，使细胞重新悬浮。

9）立即使用或迅速置于−70℃超低温保存。

2. 细菌的转化

（1）取大肠杆菌 DH-5 新鲜感受态细胞 100uL 于 1.5mL 离心管中，加入 50～100ng 质粒 pUC118 DNA，轻轻旋转以混合内容物，在冰浴中放置 30min。

（2）42℃热休克 120s，不要摇动离心管。

（3）加入 LB 液体培养基 900μL，37℃保温 60min。

（4）取 100μL 转化液涂布在含氨苄青霉素（Amp）100mg/mL 的 LB 固体平板上，37℃倒置培养 16～24h。

（5）观察平板，长出的菌落可能就是转化子，可进一步提取质粒鉴定。

注意：①DNA 与感受态细胞混合后，一定要在冰浴条件下操作，如果温度时高时低，转化效率极差。②离心管盖紧，以免反应液溢出或外面水进入而污染。③42℃热处理时很关键，转移速度要快，但温度要准确。④涂布转化液时，要避免反复来回涂布，因为感受态细菌的细胞壁有了变化，过多的机械挤压涂布会使细胞破裂，影响转化率。⑤菌体的浓度是影响感受态效率高低的主要因素，适于本法的菌体浓度应在 OD_{600} 值 $0.05 \sim 0.11$ 之间，一般转化效率可以达到 107/mg 质粒 DNA（pUC 系列和 pKS）。

五、作业与思考题

1. 制备感受态细胞的关键是什么？
2. 如果 DNA 转化后没有得到转化子或者转化子很少，分析原因。如何提高转化效率？

实验十九　重组质粒的定向克隆及蓝白筛选

一、实验目的

1. 了解细胞转化的概念及其在分子生物学研究中的意义；
2. 学习掌握克隆工作中最常用的双酶切及将外源基因与质粒连接方法及操作技术；
3. 学习掌握外源质粒 DNA 转入受体菌细胞的技术及筛选转化体的技术；
4. 学习掌握鉴定重组子的方法。

二、实验原理

质粒具有稳定可靠和操作简便的优点。如果要克隆较小的 DNA 片段（<10bP）且结构简单，质粒要比其他任何载体都要好。在质粒载体上进行克隆，从原理上说是很简单的，先用限制性内切酶切割质粒 DNA 和目的 DNA 片段，然后体外使两者相连接，再用所得到重组质粒转化细菌，即可完成。但在实际工作中，如何区分插入有外源 DNA 的重组质粒和无插入而自身环化的载体分子是较为困难的。通过调整连接反应中外源 DNA 片段和载体 DNA 的浓度比例，可以将载体的自身环化限制在一定程度之下，也可以进一步采取一些特殊的克隆策略，如载体去磷酸化等来最大限度地降低载体的自身环化，还可以利用遗传学手段如 α 互补现象等来鉴别重组子和非重组子。

外源 DNA 片段和质粒载体的连接反应策略有以下几种。

（1）带有非互补突出端的片段。用两种不同的限制性内切酶进行消化可以产生带有非互补的黏性末端，这也是最容易克隆的 DNA 片段，一般情况下，常用质粒载体均带有多个不同限制酶的识别序列组成的多克隆位点，因而几乎总能找到与外源 DNA 片段末端匹配的限制酶切位点的载体，从而将外源片段定向地克隆到载体上。也可在 PCR 扩增时，在 DNA 片段两端人为加上不同酶切位点以便与载体相连。

（2）带有相同的黏性末端。用相同的酶或同尾酶处理可得到这样的末端。由于质粒载体也必须用同一种酶消化，亦得到同样的两个相同黏性末端，因此在连接反应中外源片段和质粒载体 DNA 均可能发生自身环化或几个分子串联形成寡聚物，而且正反两种连接方向都可能有。所以，必须仔细调整连接反应中两种 DNA 的浓度，以便使正确的连接产物的数量达到最高水平。还可将载体 DNA 的 5′磷酸基团用碱性磷酸酯酶去掉，最大限度地抑制质粒

DNA 的自身环化。带 5′端磷酸的外源 DNA 片段可以有效地与去磷酸化的载体相连，产生一个带有两个缺口的开环分子，在转入 E. coli 受体菌后的扩增过程中缺口可自动修复。

（3）带有平末端。是由产生平末端的限制酶或核酸外切酶消化产生，或由 DNA 聚合酶补平所致。由于平端的连接效率比黏性末端要低得多，故在其连接反应中，T4 DNA 连接酶的浓度和外源 DNA 及载体 DNA 浓度均要高得多。通常还需加入低浓度的聚乙二醇（PEG 8000）以促进 DNA 分子凝聚成聚集体的物质以提高转化效率。

特殊情况下，外源 DNA 分子的末端与所用的载体末端无法相互匹配，则可以在线状质粒载体末端或外源 DNA 片段末端接上合适的接头（linker）或衔接头（adapter）使其匹配，也可以有控制的使用 E. coli DNA 聚合酶 I 的 klenow 大片段部分填平 3′凹端，使不相匹配的末端转变为互补末端或转为平末端后再进行连接。

本实验所使用的载体质粒 DNA 为 pBS，转化受体菌为 E. coli DH5α 菌株。由于 pBS 上带有 Ampr 和 LacZ 基因，故重组子的筛选采用 Amp 抗性筛选与 α-互补现象筛选相结合的方法。

因 pBS 带有 Ampr 基因而外源片段上不带该基因，故转化受体菌后只有带有 pBS DNA 的转化子才能在含有 Amp 的 LB 平板上存活下来；而只带有自身环化的外源片段的转化子则不能存活。此为初步的抗性筛选。

pBS 上带有 β-半乳糖苷酶基因（LacZ）的调控序列和 β-半乳糖苷酶 N 端 146 个氨基酸的编码序列。这个编码区中插入了一个多克隆位点，但并没有破坏 LacZ 的阅读框架，不影响其正常功能。E. coli DH5α 菌株带有 β-半乳糖苷酶 C 端部分序列的编码信息。在各自独立的情况下，pBS 和 DH5α 编码的 β-半乳糖苷酶的片段都没有酶活性。但在 pBS 和 DH5α 融为一体时可形成具有酶活性的蛋白质。这种 LacZ 基因上缺失近操纵基因区段的突变体与带有完整的近操纵基因区段的 β-半乳糖苷酸阴性突变体之间实现互补的现象叫 α-互补。由 α-互补产生的 Lac+ 细菌较易识别，它在生色底物 X-gal（5-溴-4-氯-3-吲哚 β-D-半乳糖苷）下存在下被 IPTG（异丙基硫代-β-D-半乳糖苷）诱导形成蓝色菌落。当外源片段插入到 pBS 质粒的多克隆位点上后会导致读码框架改变，表达蛋白失活，产生的氨基酸片段失去 α-互补能力，因此在同样条件下含重组质粒的转化子在生色诱导培养基上只能形成白色菌落。在麦康凯培养基上，α-互补产生的 Lac+ 细菌由于含 β-半乳糖苷酶，能分解麦康凯培养基中的乳糖，产生乳酸，使 pH 下降，因而产生红色菌落，而当外源片段插入后，失去 α-互补能力，因而不产生 β-半乳糖苷酶，无法分解培养基中的乳糖，菌落呈白色。由此可将重组质粒与自身环化的载体 DNA 分开。此为 α-互补现象筛选。

三、实验材料

1. 材料

外源 DNA 片段：自行制备的带限制性末端的 DNA 溶液，浓度已知。

载体 DNA：pBS 质粒（Ampr，LacZ），自行提取纯化，浓度已知。

宿主菌：E. coli DH5α，或 JM 系列等具有 α-互补能力的菌株。

2. 溶液或试剂

（1）连接反应缓冲液（10×）：0.5mol/L Tris-Cl（pH7.6）、100mol/L MgCl$_2$ 溶液、100mol/L 二硫苏糖醇（DTT）（过滤灭菌）、500μg/mL 牛血清蛋白，10mol/L ATP（过滤灭菌）。

（2）T4 DNA 连接酶（T4 DNA ligase）。

（3）X-gal 储液（20mg/mL）：用二甲基甲酰胺溶解 X-gal 配制成 20mg/mL 的储液，包以铝箔或黑纸以防止受光照被破坏，储存于−20℃。

（4）IPTG 储液（200mg/mL）：在 800μL 蒸馏水中溶解 200mg IPTG 后，用蒸馏水定容至 1mL，用 0.22μm 滤膜过滤除菌，分装于离心管并储于−20℃。

3. 培养基

配制麦康凯选择性培养基（Maconkey Agar）：取 52g 麦康凯琼脂加蒸馏水 1000mL，微火煮沸至完全溶解，高压灭菌，待冷至 60℃ 左右加入 Amp 储存液使终浓度为 50mg/mL，然后摇匀后涂板。

配制含 X-gal 和 IPTG 的筛选培养基：在事先制备好的含 50μg/mL Amp 的 LB 平板表面加 40mL X-gal 储液和 4μL IPTG 储液，用无菌玻棒将溶液涂匀，置于 37℃ 下放置 3～4h，使培养基表面的液体完全被吸收。

4. 仪器或其他用具

恒温摇床、台式高速离心机、恒温水浴锅、琼脂糖凝胶电泳装置、电热恒温培养箱、电泳仪、工作台、微量移液枪、微量离心管。

四、实验步骤

1. 连接反应

（1）取灭菌处理的 0.5mL 微量离心管，编号。

（2）将 0.1μg 载体 DNA 转移到无菌离心管中，加等摩尔量（可稍多）的外源 DNA 片段。

（3）加蒸馏水至体积为 8μL，于 45℃ 保温 5min，以使重新退火的黏端解链。将混合物冷却至 0℃。

（4）加入 10×T4 DNA ligase buffer 1μL，T4 DNA ligase 0.5μL，混匀后用微量离心机将液体全部甩到管底，于 16℃ 保温 8～24h。

同时做两组对照反应，其中对照组一只有质粒载体无外源 DNA；对照组二只有外源 DNA 片段没有质粒载体。

2. E. coli DH5α 感受态细胞的制备及转化

每组连接反应混合物各取 2μL 转化 E. coli DH5α 感受态细胞。

3. 重组质粒的筛选

（1）每组连接反应转化原液取 100μL 用无菌玻璃棒均匀涂布于筛选培养基上，37℃ 下培养半小时以上，直至液体被完全吸收。

（2）倒置平板于 37℃ 继续培养 12～16h，待出现明显而又未相互重叠的单菌落时拿出平板。

（3）放于 4℃ 数小时，使显色完全（此步麦康凯培养基不做）。不带有 pBS 质粒 DNA 的细胞，由于无 Amp 抗性，不能在含有 Amp 的筛选培养基上成活。带有 pBS 载体的转化子由于具有 β-半乳糖苷酶活性，在麦康凯筛选培养基上呈现为红色菌落，在 X-gal 和 ITPG 培养基上为蓝色菌落，带有重组质粒转化子由于丧失了 β-半乳糖苷酶活性，在麦康凯选择性培养基和 X-gal 和 ITPG 培养基上均为白色菌落。

4. 酶切鉴定重组质粒

用无菌牙签挑取白色单菌落接种于含 Amp $50\mu g/mL$ 的 5mL LB 液体培养基中，37℃下震荡培养 12h。使用煮沸法快速分离质粒 DNA 直接电泳，同时用煮沸法抽提的 pBS 质粒做对照，有插入片段的重组质粒电泳时迁移率较 pBS 慢。再用与连接末端相对应的限制性内切酶进一步进行酶切检验。还可用杂交法筛选重组质粒。

5. 注意事项

（1）DNA 连接酶用量与 DNA 片段的性质有关，连接平齐末端，必须加大酶量，一般使用连接黏性末端酶量的 10～100 倍。

（2）在连接带有黏性末端的 DNA 片段时，DNA 浓度一般为 2～10mg/mL，在连接平齐末端时，需加入 DNA 使浓度至 100～200mg/mL。

（3）连接反应后，反应液在 0℃储存数天，-80℃储存两个月，但是在-20℃冰冻保存将会降低转化效率。

（4）黏性末端形成的氢键在低温下更加稳定，所以尽管 T4 DNA 连接酶的最适反应温度为 37℃，在连接黏性末端时，反应温度以 10～16℃为好，平齐末端则以 15～20℃为好。

（5）在连接反应中，如不对载体分子进行去 5′磷酸基处理，便用过量的外源 DNA 片段（2～5 倍），这将有助于减少载体的自身环化，增加外源 DNA 和载体连接的机会。

（6）麦康凯选择性琼脂组成的平板，在含有适当抗生素时，携有载体 DNA 的转化子为淡红色菌落，而携有带插入片段的重组质粒转化子为白色菌落。该产品筛选效果同蓝白斑筛选，且价格低廉。但需及时挑取白色菌落，当培养时间延长，白色菌落会逐渐变成微红色，影响挑选。

（7）X-gal 是 5-溴-4-氯-3-吲哚-b-D-半乳糖（5-bromo-4-chloro-3-indolyl-b-D-galacto-side）以半乳糖苷酶（b-galactosidase）水解后生成的吲哚衍生物显蓝色。IPTG 是异丙基硫代半乳糖苷（Isopropylthiogalactoside），为非生理性的诱导物，它可以诱导 LacZ 的表达。

（8）在含有 X-gal 和 IPTG 的筛选培养基上，携带载体 DNA 的转化子为蓝色菌落，而携带插入片段的重组质粒转化子为白色菌落，平板如在 37℃培养后放于冰箱 3～4h 可使显色反应充分，蓝色菌落明显。

五、实验结果

若抗性平板上出现白色菌落，说明连接的重组质粒被转化。根据蓝白的比例可以判断重组率，根据菌落数目可以计算出转化率。一般来说采用定向连接的重组质粒的重组率较高，而平末端或单一酶切位点连接的重组率较低。

转化是一定设不加质粒只含感受态宿主菌的负对照和加入已知抗性的质粒的正对照，以便分析结果。如果负对照长出菌落说明感受态宿主菌具有抗性或抗生素失活，而正对照没长出，说明感受态细胞有问题或加错抗生素或操作过程中造成细菌死亡（如涂布时烫死）。

六、作业与思考题

1. 连接反应的温度选择的依据是什么？
2. 试分析自己实验得到的电泳结果。
3. 怎样保证 DNA 片段的高回收率和连接的高效率？
4. 通过什么手段可以降低质粒自身环化的数量？

实验二十　酶活性检测

一、实验目的

1. 了解 α-淀粉酶和 β-淀粉酶的不同性质及其淀粉酶活性测定的意义;
2. 学习和掌握比色法测定淀粉酶活性的原理及操作要点;
3. 通过酶活性检测实验分析测定结果的合理性。

二、实验原理

酶指具有生物催化功能的高分子物质。在酶的催化反应体系中,反应物分子被称为底物,底物通过酶的催化转化为另一种分子。几乎所有的细胞活动进程都需要酶的参与,以提高效率。与其他非生物催化剂相似,酶通过降低化学反应的活化能(用 Ea 或 ΔG 表示)来加快反应速率,大多数的酶可以将其催化的反应之速率提高上百万倍;事实上,酶是提供另一条活化能需求较低的途径,使更多反应粒子能拥有不少于活化能的动能,从而加快反应速率。酶作为催化剂,本身在反应过程中不被消耗,也不影响反应的化学平衡。酶有正催化作用也有负催化作用,即不只有加快反应速率的酶,也有减低反应速率的酶。与其他非生物催化剂不同的是,酶具有高度的专一性,只催化特定的反应或产生特定的构型。

虽然酶大多是蛋白质,但少数具有生物催化功能的分子并非为蛋白质,有一些被称为核酶的 RNA 分子也具有催化功能。此外,通过人工合成所谓人工酶也具有与酶类似的催化活性,包括人工合成的 DNA。有人认为酶应定义为具有催化功能的生物大分子,即生物催化剂。

酶的催化活性会受其他分子影响:抑制剂是可以降低酶活性的分子;激活剂则是可以增加酶活性的分子。有许多药物和毒药就是酶的抑制剂。酶的活性还可以被温度、化学环境(如 pH 值)、底物浓度以及电磁波(如微波)等许多因素所影响。

对于此次研究对象小麦来说,种子萌发过程中淀粉酶的活性更是与糖化力、麦种的优劣有着极其密切的关系。淀粉酶是水解淀粉的糖苷键的一类酶的总称,存在于几乎所有植物中,特别是萌发后的禾谷类种子中,淀粉酶活力最强,其中主要是 α-淀粉酶和 β-淀粉酶。根据 α-淀粉酶和 β-淀粉酶特性不同,α-淀粉酶不耐酸,在 pH 值 3.6 以下迅速钝化;β-淀粉酶不耐热,70℃ 15min 则被钝化。测定时,使其中一种酶失活,即可测出另一种酶的活性。

淀粉在淀粉酶的催化作用下可生成麦芽糖,利用麦芽糖的还原性与 3,5-二硝基水杨酸反应生成棕色的 3-氨基-5-硝基水杨酸,测定其吸光度,从而确定酶液中淀粉酶活力(单位重量样品在一定时间内生成麦芽糖的量)。禾谷类种子的萌发时可快速将支链淀粉转变成葡萄糖,由此我们推断禾谷类种子中存在不止一种淀粉酶。通过阅读资料,整理出表 20 - 1。

表 20 - 1　　　　　　　　　　　　两种淀粉酶特点比较表

酶类型	催化机理	合成时期	钝化条件
α-淀粉酶	内切酶,可以水解淀粉内部任何部位的 α-1,4-糖苷键	种子萌发过程	pH 值 3.6 以下
β-淀粉酶	外切酶,从淀粉的非还原末端依次水解一个个麦芽二糖,但不能越过已经存在的 α-1,6-糖苷键继续切割	种子形成时	高温

该实验的总体思路为精确控制酶促反应的条件，保持其处于最适条件，测定酶促反应的初速度来表示酶的活力。通过3，5-二硝基水杨酸比色法确定催化产麦芽糖的含量。

三、实验器材

1. 材料

萌发的小麦种子（苗长约1cm）。

2. 溶液或试剂

0.1mol/L pH5.6的柠檬酸缓冲液：A液：称取柠檬酸20.01g，定容至1000mL；

B液：称取柠檬酸钠29.41g，定容至1000mL；

取A液55mL与B液145mL混匀。

1%可溶性淀粉溶液：1g淀粉溶于100mL 0.1mol/L pH值5.6的柠檬酸缓冲液。

1% 3，5-二硝基水杨酸试剂：称取3，5-二硝基水杨酸1g、NaOH 1.6g、酒石酸钾钠30g，定容至100mL水中，紧盖瓶塞，勿使CO_2进入。

麦芽糖标准溶液：取麦芽糖0.1g溶于100mL水中。

pH值6.8的磷酸缓冲液：取磷酸二氢钾6.8g，加水500mL使溶解，用0.1mol/L氢氧化钠溶液调节pH值至6.8，加水稀释至1000mL即得。

其他溶液或试剂：0.4mol/L的NaOH溶液、1% NaCl溶液。

3. 仪器或其他用具

低速离心机、分光光度计、水浴锅、电子天平、微量移液器、酸度计、具塞试管（15mL）、研钵、容量瓶等。

四、实验步骤

1. 酶液提取

取6.0g浸泡好的原料，去皮后加入10.0mL 1%的NaCl溶液，磨碎后以2000r/min离心10min，转出上清液备用。取上清液1.0mL，用pH为6.8的缓冲溶液稀释5倍，所得酶液。

2. α-淀粉酶活力测定

（1）取试管4支，标明两支为对照管，两支为测定管。

（2）于每管中各加酶液1mL，在70℃±0.5℃恒温水浴中准确加热15min，取出后迅速用流水冷却。

（3）在对照管中加入4mL 0.4mol/L氢氧化钠溶液。

（4）在4支试管中各加入1mL pH5.6的柠檬酸缓冲液。

（5）将4支试管置另一个40℃±0.5℃恒温水浴中保温15min，再向各管分别加入40℃下预热的1%淀粉溶液2mL，摇匀，立即放入40℃恒温水浴准确计时保温5min。取出后向测定管迅速加入4mL 0.4mol/L氢氧化钠溶液，终止酶活动，准备测糖。

3. 淀粉酶总活力测定

取酶液5mL，用蒸馏水稀释至100mL，为稀释酶液。另取4支试管编号，两支为对照管，两支为测定管，然后加入稀释的酶液1mL，在对照管中加入4mL 0.4mol 氢氧化钠溶液，4支试管中各加1mL pH5.6的柠檬酸缓冲液。以下步骤重复α-淀粉酶测定第（5）步的操作，同样准备测糖。

4. 麦芽糖的测定

（1）标准曲线的制作。取 25mL 刻度试管 7 支，编号。分别加入麦芽糖标准液（1mg/mL）0、0.2、0.6、1.0、1.4、1.8、2.0mL，然后用吸管向各管加蒸馏水使溶液达 2.0mL，再各加 3，5-二硝基水杨酸试剂 2.0mL，置沸水浴中加热 10min，取出冷却，用蒸馏水稀释至 25mL。混匀后用分光光度计在 520nm 波长下进行比色，记录吸光度。以吸光度为纵坐标，以麦芽糖含量（mg）为横坐标，绘制标准曲线。

（2）样品的测定。取步骤 2、3 中酶作用后的各管溶液 2mL，分别放入相应的 8 支 25mL 具塞刻度试管中，各加入 2mL 3，5-二硝基水杨酸试剂。以下操作同标准曲线制作。根据样品比色吸光度平均值，从标准曲线查出麦芽糖含量，最后进行结果计算。

五、实验记录

将实验数据记录在表 20-2 和表 20-3 中。

表 20-2 　α-淀粉酶活性的测定

试管编号	α-1	α-2	α-3	α-4
	对照管		测定管	
OD$_{520}$				
麦芽糖浓度（mg/mL）				
平均麦芽糖浓度（mg/mL）				

表 20-3 　α-及 β-淀粉酶总活性的测定

试管编号	Z-1	Z-2	Z-3	Z-4
	对照管		测定管	
OD$_{520}$				
麦芽糖浓度（mg/mL）				
平均麦芽糖浓度（mg/mL）				

$$\alpha\text{-淀粉酶活性}(\text{mg 麦芽糖}/\text{g 鲜重}\cdot 5\text{min}) = \frac{(A-A_0)\times V_T}{W\times V_U}$$

$$\text{淀粉酶总活性}(\text{mg 麦芽糖}/\text{g 鲜重}\cdot 5\text{min}) = \frac{(B-B_0)\times V_T}{W\times V_U}$$

式中　A——α-淀粉酶水解淀粉生成的麦芽糖（mg）；

A_0——α-淀粉酶的对照管中麦芽糖量（mg）；

B——（α＋β）淀粉酶共同水解淀粉生成的麦芽糖（mg）；

B_0——（α＋β）淀粉酶的对照管中麦芽糖（mg）；

V_T——样品稀释总体积（mL）；

V_U——比色时所用样品液体积（mL）；

W——样品重（g）。

本实验规定：40℃时 5min 内水解淀粉释放 1mg 麦芽糖所需的酶量为 1 个酶活力单位（U）。

六、思考题

1. 从你们组酶活性测定的实验结果判断本次实验设计的酶活性测定样品稀释倍数是否合理？为什么？

2. 查询资料可知众多测定淀粉酶活性的实验设计中一般均是采取钝化β-淀粉酶的活性而测α-淀粉酶和测总酶活性的策略，为何不采取钝化α-淀粉酶活性去测β-淀粉酶活性呢？这种设计思路说明什么？

3. α-淀粉酶活性测定时70℃水浴为何要严格保温15min？保温后为什么要立即于冰浴中骤冷？而经如此处理，为什么在随后的40℃温浴和酶促反应中就能保证β-淀粉酶不会再参与催化反应？

4. 酶的最适反应温度（一般都是生理温度）和最适保存温度（一般0℃以下）为什么不一样？而这两个状态都是需要维护酶的空间结构。

5. 为什么3,5-二硝基水杨酸与还原糖的反应要先沸水浴然后再稀释测定？

第三章 环境微生物检测与评价技术

实验二十一 水中细菌学检测

一、实验目的
1. 学习掌握水中细菌学检测法；
2. 了解水质状况同细菌数量的关系及大肠菌群的数量在饮水中的重要性。

二、实验原理
检测水中的细菌数量是评价水质状况的重要指标之一。饮水是否合乎卫生标准，需要进行水中细菌数量及大肠菌群数量的测定。大肠菌群是肠道最普遍存在和数量最多的一群细菌，由于大肠菌群是一群能发酵乳糖的革兰氏阴性、无芽孢杆菌，它们在乳糖培养基中经37℃培养24h即能产酸、产气，所以常将其作为粪便污染的标志。

饮用水一般规定：1mL 自来水中总菌数不得超过 100 个；1000mL 自来水中大肠菌群数不得超过 3 个。

三、实验材料
1. 材料

采集水样：①自来水；②池水、湖水或河水。

2. 溶液或试剂

乳糖蛋白胨培养液配方如下：

蛋白胨	10g
牛肉膏	3g
乳糖	5g
NaCl	5g

三倍浓缩乳糖蛋白胨培养液：上述培养液中成分各按 3 倍量配制，蒸馏水仍为 1000mL。

1.6%溴甲酚紫乙醇溶液：将蛋白胨、牛肉膏、乳糖及 NaCl 加热溶解于 1000mL 蒸馏水中，调 pH 至 7.2～7.4。加入 1.6%溴甲酚紫乙醇溶液 1mL，混匀，分装于有倒置杜氏小管的试管中，115℃灭菌 20min。

无菌水。

3. 培养基

牛肉膏蛋白胨培养基配方如下：

牛肉膏	3g
蛋白胨	10g
NaCl	5g
琼脂	20g

水	1000mL
pH 值	7.4～7.6

121℃高压蒸汽灭菌锅灭菌，30min。

伊红美蓝培养基配方如下：

蛋白胨	10g
乳糖	10g
磷酸二氢钾	2g
琼脂	20g
蒸馏水	1000mL
* 2%伊红水溶液	20mL
* 0.5%美兰水溶液	13mL
pH 值	7.2～7.4

115℃高压蒸汽灭菌锅灭菌 20min。* 为灭完菌再加。

4. 仪器或其他用具

无菌培养皿、乳糖蛋白胨发酵管（内倒置小管）、三倍乳糖蛋白胨发酵管（内倒置小管）、无菌空瓶、移液管、试管。

四、实验步骤

1. 采集水样

（1）自来水：从学校各生活区取样。先将自来水龙头用火焰灭菌，再开放水龙头使水流 1～2min 后，用无菌空瓶接取水样。

（2）池水、湖水或河水：用无菌空瓶取距水面 10～15cm 深层水样。水样采取后应立即检验，不得超过 4h。

2. 水中细菌总数测定

（1）自来水。稀释水样：原水样和 10^{-1} 水样，用无菌移液管分别吸取 1mL 原水样和 10^{-1} 水样，分别注入两个无菌培养皿中。每皿各加 13～15mL 已融化并冷却到 45～50℃ 的牛肉膏蛋白胨培养基，轻轻旋转，使培养基与水样充分混匀，待凝固后，将平板倒置于 37℃恒温箱内，培养 24h 进行菌落计数。

（2）池水、湖水或河水。稀释水样：稀释倍数视水样污浊程度而定，使水样培养后每个平板中的菌落数在 30～300 的稀释度最为合适。例如：取湖水稀释成 10^{-1}、10^{-2}、10^{-3}。每个稀释度做两个培养皿，并依上法倾入培养基制成平板，培养，计数。菌落计数方法如下。

1）先计算同一稀释度的平均菌落数。若其中一个平板有较大片状菌落生长时，则不应采用，而应以无片状菌落生长的平板作为该稀释度的平均菌落数。若片状菌落的大小不到培养皿的一半，而其余的一半菌落分布又很均匀时，则可将此一半的菌落数乘 2 代表全平板的菌数，然后再计算该稀释度的平均菌落数。

2）首先选择平均菌落在 30～300 之间的平板，当只有一个稀释度的平均菌落数符合此范围时，则以该平均菌落数乘其稀释倍数即为该水样的细菌总数（见表 21-1 中例次 1）。

3）若有两个稀释度的平均菌落数都在 30～300 之间，则按两者菌落总数之比值来决定。若其比值小于 2 则应取两者的平均数；若大于 2 则取其中较小的菌落总数（见表 21-1 中例次 2 及 3)。

4）若所有稀释度的平均菌落数均大于 300，则应按稀释度最高的平均菌落数乘以稀释倍数（见表 21-1 中例次 4）。

5）若所有稀释度的平均菌落数均小于 30，则应按稀释度最低的平均菌落数乘以稀释倍数（见表 21-1 中例次 5）。

6）若所有稀释度的平均菌落数均不在 30～300 之间。则以最接近 300 或 30 的平均菌落数乘以稀释倍数（见表 21-1 中例次 6）。

表 21-1

例次	不同稀释度的平均菌落			两个稀释度菌落数之比	菌落数
	10^{-1}	10^{-2}	10^{-3}		
1	1365	164	20		1600
2	2760	295	46	1.6	38 000
3	2890	271	60	2.2	27 000
4	无数	4650	513		510 000
5	27	11	5		270
6	无数	305	12		31 000

3. 用发酵法检查大肠菌群

（1）自来水。

1）初发酵试验：在两个装有 50mL 三倍乳糖蛋白胨发酵管中，各加入 100mL 水样，在 10 支装有 5mL 三倍乳糖蛋白胨发酵管中，各加入 10mL 水样。混匀后 37℃培养 24h。

2）平板分离：经 24h 培养后，将产酸产气及只产酸的发酵管，分别画线接种于伊红美蓝平板上，于 37℃培养 18～24h，将符合下例特征的菌落的一部分，进行涂片、革兰氏染色、镜检。

a. 深紫黑色，具有金属光泽的菌落；

b. 紫黑色，不带或略带金属光泽的菌落；

c. 淡紫红色，中心色较深的菌落。

3）复发酵试验：经涂片、染色、镜检为革兰氏阴性无芽孢杆菌时，则挑取该菌落的另一部分，再接种于普通浓度的乳糖蛋白胨发酵管中，每管可接种来自同一发酵管的同类型菌落 1～3 个。37℃培养 24h，结果若产酸产气，即证实有大肠菌群存在。

证实有大肠菌群存在后，再根据发酵试验的阳性管数查表 21-2，即得大肠菌群数。

（2）池水，湖水或河水。分别取湖水 10^{-2}、10^{-1} 的稀释液及原水样各 1mL，加到装有 10mL 普通乳糖蛋白胨发酵液试管中。另取 10mL 和 100mL 原水样，分别加到装有 5mL 和 50mL 三倍乳糖蛋白胨发酵液的试管中。

以下步骤同上述自来水的平板分离和复发酵试验。

若证实有大肠菌群存在，则根据大肠菌群阳性管数查表 21-3 或表 21-4 即得每升水样中的大肠菌群数。

表 21 - 2　　　　　　　　　　　大 肠 菌 群 检 数 表

100mL 水量的阳性管数 10mL 水量的阳性管数	0 每升水样中大肠菌群数（个）	1 每升水样中大肠菌群数（个）	2 每升水样中大肠菌群数（个）
0	<3	4	11
1	3	8	18
2	7	13	27
3	11	18	38
4	14	24	52
5	18	30	70
6	22	36	92
7	27	43	120
8	31	51	161
9	36	60	230
10	40	69	>230

表 21 - 3　　　　　　　　　　　大 肠 菌 群 检 数 表

接种水样量（mL）				每升水样中大肠菌群数（个）
100	10	1	0.1	
—	—	—	—	<9
—	—	—	+	9
—	—	+	—	9
—	+	—	—	9.5
—	—	—	+	18
—	+	—	+	19
—	+	+	—	22
+	—	—	—	23
—	+	—	+	28
+	—	—	+	92
+	—	+	—	94
+	—	+	+	180
+	+	—	—	230
+	+	—	+	960
+	+	+	—	2338
+	+	+	+	>2380

表 21 - 4　　　　　　　　　　　　大 肠 菌 群 检 数 表

接种水样量（mL）				每升水样中大肠菌群数（个）
10	1	0.1	0.01	
−	−	−	−	<90
−	−	−	+	90
−	−	+	−	90
−	+	−	−	95
−	+	−	+	180
−	+	−	+	190
−	+	+	−	220
+	−	−	−	230
−	+	−	−	280
+	−	−	+	920
+	−	+	−	940
+	−	+	+	1800
+	+	−	−	2300
+	+	−	+	9600
+	+	+	−	23 380
+	+	+	+	>23 800

五、实验结果

1. 我校各生活区水样中，细菌总数每毫升多少？经大肠菌群检查每升水中含多少？水源被污染，出现什么情况？

2. 在湖水（或河水）水样中细菌总数及大肠菌群数是多少？不同区域取样有无区别，为什么？

六、思考题

1. 大肠菌群中的细菌种类一般并非是病原菌，为什么要选大肠菌群作为水源被污染的指标？

2. 伊红美蓝培养基中的哪些成分有助于我们鉴别大肠杆菌？

实验二十二 废水生化需氧量的测定

一、实验目的

1. 学习和掌握用稀释接种法测定 BOD$_5$ 的基本原理和操作技能；

2. 学习为保证测定准确度应如何控制相应条件。

二、实验原理

生化需氧量是指在规定的条件下，微生物分解存在于水中的某些可氧化物质，主要是有机物质所进行的生物化学过程中消耗溶解氧的量。分别测定水样培养前的溶解氧含量和20±1℃培养 5 天后的溶解氧含量，二者之差即为 5 日生化过程中所消耗的溶解氧量（BOD$_5$）。

对于某些地面水及大多数工业废水、生活污水，因含较多的有机物，需要稀释后再培养测定，以降低其浓度，保证降解过程在有足够溶解氧的条件下进行。其具体水样稀释倍数可借助于高锰酸钾指数或化学需氧量（COD$_{cr}$）推算。

对于不含或少含微生物的工业废水，在测定 BOD$_5$ 时应进行接种，以引入能分解废水中有机物的微生物。当废水中存在难于被一般生活污水中的微生物以正常速度降解的有机物或含有剧毒物质时，应接种经过驯化的微生物。

三、实验材料

1. 材料

接种水：可选用以下任一方法，以获得适用的接种液。

（1）城市污水，一般采用生活污水，在室温下放至一昼夜，取上层清液使用。

（2）表层土壤浸出液，取 100g 花园土壤或植物生长土壤，加入 1L 水，混合并静置10min，取上清液供用。

（3）用含城市污水的河水或湖水。

（4）污水处理厂的出水。

（5）当分析含有难于降解的废水时，在排污口下游 3～8km 处取水样作为废水的驯化接种液。如无此种水源，可取经中和或经适当稀释后的废水进行连续曝气，每天加入少量该种废水，同时加入适量表层土壤或生活污水，使能适应该种废水的微生物大量繁殖。当水中出现大量絮状物，或检查其化学需氧量的降低值出现突变时，表明适用的微生物已进行繁殖，可用作为接种液。一般驯化过程需要 3～8d。

2. 溶液或试剂

磷酸盐缓冲溶液：将 8.5g 磷酸二氢钾（KH$_2$PO$_4$）、21.75g 磷酸氢二钾（K$_2$HPO$_4$）、33.4g 七水磷酸氢二钠（Na$_2$HPO$_4$ · 7H$_2$O）和 1.7g 氯化铵（NH$_4$Cl）溶于水中，稀释至1000mL。此溶液的 pH 值应为 7.2。

硫酸镁溶液：将 22.5g 七水硫酸镁（MgSO$_4$ · 7H$_2$O）溶于水中，稀释至 1000mL。

氯化钙溶液：将 27.5g 无水氯化钙（CaCl$_2$）溶于水中，稀释至 1000mL。

氯化铁溶液：将 0.25g 六水氯化铁（FeCl$_3$ · 6H$_2$O）溶于水，稀释至 1000mL。

盐酸溶液（0.5mol/L）：将 40mL（ρ=1.18g/ mL）盐酸溶于水，稀释至 1000mL。

氢氧化钠溶液（0.5mol/L）：将 20g 氢氧化钠（NaOH）溶于水，稀释至 1000mL。

亚硫酸钠溶液（$C_{1/2}$ Na$_2$SO$_3$＝0.025mol/L）：将 1.575g 亚硫酸钠（Na$_2$SO$_3$）溶于水，

稀释至 1000mL。此溶液不稳定，需每天配制。

葡萄糖－谷氨酸标准溶液：将葡萄糖（$C_6H_{12}O_6$）和谷氨酸钠（$C_5H_8NO_4Na$）在 103℃ 干燥 1h 后，各称取 150mg 溶于水中，移入 1000mL 容量瓶内并稀释至标线，混合均匀。此标准溶液临用前配制。

稀释水：在 5～20L 玻璃瓶内装入一定量的水，控制水温在 20℃ 左右。然后用无油空气压缩机或薄膜泵，将此水曝气 2～8h，使水中的溶解氧接近饱和，也可以鼓入适量纯氧。瓶口盖以两层经洗涤晾干的纱布，置于 20℃ 培养箱内放置数小时，使水中的溶解氧量达到 8mg/L。临用前于每升水中加入氯化钙溶液、氯化铁溶液、硫酸镁溶液、磷酸盐缓冲溶液各 1mL，并混合均匀。此稀释水的 pH 值应为 7.2，其 BOD_5 应小于 0.2mg/L。

接种稀释水：取适量接种液，加于稀释水中，混匀。每升稀释水中接种液加入量：生活污水为 1～10mL；表层土壤浸出液为 20～30mL；河水、湖水为 10～100mL。此接种稀释水的 pH 值应为 7.2，其 BOD_5 值宜在 0.3～1.0mg/L。接种稀释水配制后应立即使用。

3. 仪器或其他用具

恒温培养箱、细口玻璃瓶、量筒、玻璃搅拌棒（棒长应比所用量筒高长 20cm，在棒的底端固定一个直径比量筒直径略小，并带有几个小孔的硬橡胶板）、溶解氧瓶（带有磨口玻璃塞并具有供水封用的钟形口）、虹吸管等。

四、实验步骤

1. 水样的预处理

（1）水样的 pH 若超出 6.5～7.5 范围时，可用盐酸或氢氧化钠溶液调节至近于 7，但用量不要超过水样体积的 0.5％。若水样的酸度或碱度很高，可改用高浓度的碱或酸进行调节中和。

（2）水样中含有铜、铅、锌、铬、镉、砷、氰等有毒物质时，可使用经过驯化的微生物接种液的稀释水进行稀释，或增大稀释倍数，以减少毒物的浓度。

（3）含有少量游离氯的水样，一般放置 1～2h，游离氯即可消失。对于游离氯在短时间内不能消散的水样，可加入亚硫酸钠溶液，以除去之。其加入量的计算方法是：取中和好的水样 100mL，加入 1＋1 乙酸 10mL，10％（m/V）碘化钾溶液 1mL，混匀。以淀粉溶液为指示剂，用亚硫酸钠标准溶液滴定游离碘。根据亚硫酸钠标准溶液消耗的体积及浓度，计算水样中所需要加入亚硫酸钠溶液的量。

（4）从水温较低的水域中采集的水样，可遇到含有过饱和溶解氧，此时应将水样迅速升温至 20℃ 左右，充分振摇，以赶出过饱和的溶解氧。

从水温较高的水域或废水排放口取得的水样，则应迅速使其冷却至 20℃ 左右，并充分震摇，使与空气中氧分压接近平衡。

2. 水样的测定

（1）不经稀释水样的测定：溶解氧含量较高、有机物含量较少的地面水，可不经稀释，而直接以虹吸法将约 20℃ 的混匀水样转移至两个溶解氧瓶内，转移过程中应注意不使其产生气泡。以同样的操作使两个溶解氧瓶充满水样，加塞水封。立即测定其中一瓶溶解氧。将另一瓶放入培养箱中，在 20±1℃ 培养 5d 后，测其溶解氧。

（2）需经稀释水样的测定。稀释倍数的确定：地面水可由测得的高锰酸盐指数乘以适当的系数求出稀释倍数见表 22-1。

表 22 - 1　　　　　　　　　　　　　　**高锰酸盐指数相应系数表**

高锰酸盐指数（mg/L）	系数
<5	
5～10	0.2、0.3
10～20	0.4、0.6
>20	0.5、0.7、1.0

工业废水可由重铬酸钾法测得的 COD 值确定。通常需做 3 个稀释比，即使用稀释水时，由 COD 值分别乘以系数 0.075、0.15、0.225，即获得 3 个稀释倍数；使用接种稀释水时，则分别乘以 0.075、0.15 和 0.225，获得 3 个稀释倍数。

稀释倍数确定后按照下述方法之一测定水样：

1）一般稀释法：按照选定的稀释比例，用虹吸法沿筒壁先引入部分稀释水（或接种稀释水）于 1000mL 量筒中，加入需要量的均匀水样，再引入稀释水（或接种稀释水）至 800mL，用带胶板的玻璃棒小心上下搅匀。搅拌时勿使搅棒的胶板露出水面，防止产生气泡。

按不经稀释水样的测定步骤，进行瓶装，测定每天溶解氧和培养 5d 后的溶解氧量。

另取两个溶解氧瓶，用虹吸法装满稀释水（或接种稀释水）作为空白，分别测定 5d 前、后的溶解氧含量。

2）直接稀释法：直接稀释法是在溶解氧瓶内直接稀释。在已知两个容积相同（其差小于 1mL）的溶解氧瓶内，用虹吸法加入部分稀释水（或接种稀释水），再加入根据瓶容积和稀释比例计算出的水样量，然后引入稀释水（或接种稀释水）至刚好充满，加塞，勿留气泡于瓶内。其余操作与上述稀释法相同。在 BOD_5 测定中，一般采用叠氮化钠改良法测定溶解氧。如遇干扰物质，应根据具体情况采用其他测定法。

3. 计算

（1）不经稀释直接培养的水样：

$$BOD_5 (mg/L) = C_1 - C_2$$

式中　C_1——水样在培养前的溶解氧浓度，mg/L；

C_2——水样经 5 天培养后，剩余溶解氧浓度，mg/L。

（2）经稀释后培养的水样：

$$BOD_5 (mg/L) = [(C_1 - C_2) - (B_1 - B_2)f_1]/f_2$$

式中　C_1——水样在培养前的溶解氧浓度，mg/L；

C_2——水样经 5 天培养后，剩余溶解氧浓度，mg/L；

B_1——稀释水（或接种稀释水）在培养前的溶解氧浓度，mg/L；

B_2——稀释水（或接种稀释水）在培养后的溶解氧浓度，mg/L；

f_1——稀释水（或接种稀释水）在培养液中所占比例；

f_2——水样在培养液中所占比例。

4. 注意事项

（1）测定一般水样的 BOD_5 时，硝化作用很不明显或根本不发生。但对于生物处理池出水，则含有大量硝化细菌。因此，在测定 BOD_5 时也包括了部分含氮化合物的需氧量。对于这种水样，如只需测定有机物的需氧量，应加入硝化抑制剂，如丙烯基硫脲（ATU，$C_4H_8N_2S$）等。

（2）在两个或三个稀释比的样品中，凡消耗溶解氧大于 2mg/L 和剩余溶解氧大于 1mg/L 都有效，计算结果时应取平均值。

（3）为检查稀释水和接种液的质量，以及化验人员操作技术，可将 20mL 葡萄糖—谷氨酸标准溶液用接种稀释水稀释至 1000mL，测其 BOD_5，其结果应在 180～230mg/L 之间；否则，应检查接种液、稀释水或操作技术是否存在问题。

六、思考题

1. 以表格形式列出稀释水样和稀释水（或接种稀释水样）在培养前后实测溶解氧数据，计算水样 BOD_5 值。

2. 根据实际控制实验条件和操作情况，分析影响测定准确度的因素。

实验二十三　富营养化湖水中藻类的测定（叶绿素 α 法）

一、实验目的

1. 学习掌握叶绿素的测定原理及方法；

2. 评价水体的富营养化状况。

二、实验原理

1. 关于水体富营养化

富营养化：富营养化是指生物所需的氮、磷等营养物质大量进入湖泊、河口、海湾等缓流水体，引起藻类及其他浮游生物迅速繁殖，水体溶氧量下降，鱼类及其他生物大量死亡的现象。大量死亡的水生生物沉积到湖底，被微生物分解，消耗大量的溶解氧，使水体溶解氧含量急剧降低，水质恶化，以致影响到鱼类的生存，大大加速了水体的富营养化过程。水体出现富营养化现象时，由于浮游生物大量繁殖，往往使水体呈现蓝色、红色、棕色、乳白色等，这种现象在江河湖泊中叫水华（水花），在海中叫赤潮。

2. 关于叶绿素含量的测定

许多参数可用做水体富营养化的指标，常用的是总磷、叶绿素 a 含量和初级生产率的大小。测定水体中叶绿素的含量，可将色素用丙酮萃取，根据叶绿素提取液对可见光谱的吸收，利用分光光度计在某一特定波长测定其吸光度，即可用公式计算出提取液中各色素的含量。根据朗伯比尔定律，某有色溶液的吸光度 A 与其中溶质浓度 C 和液层厚度 L 成正比，即 $A=\alpha CL$，式中 α 为比例常数。当溶液浓度以百分浓度为单位，液层厚度为 1cm 时，α 为该物质的吸光系数。各种有色物质在不同波长下的吸光系数可通过测定已知浓度的纯物质在不同波长下的吸光度而求得。如果溶液中有数种吸光物质，则此混合液在某一波长下的总吸光度等于各组分在相应波长下吸光度的总和，这就是吸光度的加和性。欲测定叶绿体色素混合提取液中叶绿素 a、b、c 的含量，只需测定该提取液在 3 个特定波长（663、645、630nm）下的吸光度 A，并根据叶绿素 a、b、c 在该波长下的吸光系数即可求出其浓度。

本实验用叶绿素 a 法测，故此下面给出湖泊富营养化的叶绿素 a 评价标准，见表 23-1。

表 23-1　　　　　　　　　　　湖泊富营养化的叶绿素 a 评价标准

指标类型	贫营养型	中营养型	富营养型
叶绿素 a 浓度（μg/L）	<4	4~10	10~150

三、实验材料

1. 材料

采集的水样。

2. 溶液或试剂

$MgCO_3$ 悬液、90％的丙酮溶液、$MgCO_3$ 粉末等。

3. 仪器或其他用具

可见分光光度计、天平、台式高速离心机、三用恒温水箱、台式冷冻离心机、塑料离心管、刻度离心管、量筒、具塞试管、移液管、药匙、黑色塑料薄膜、橡皮筋、烧杯、胶头滴管、洗瓶、比色杯等。

四、实验步骤

1. 清洗玻璃仪器

2. 离心水样

用量筒取水样 210mL 倒入烧杯中，用 1mL 移液管移取 1mL $MgCO_3$ 悬液，将水样分别装入 6 支大的塑料离心管中，每支离心管加入 35mL。衡重后在 4000r/min 的离心机内离心 10min。

3. 提取

去掉上清液时注意要用胶头滴管小心地取出上清液，最下层的液体中仍含有较多的叶绿素，要保留。将沉淀物及残留的上清液转移至具塞试管，加少量碳酸镁粉末和 10mL 已水浴加热至 50℃的 90％丙酮溶液（用 90％的丙酮溶液洗涤塑料离心管，尽量转移完全）。塞紧塞子并在管子外部罩上遮光物（黑色塑料薄膜），充分震荡，置于恒温箱内避光提取 4h。

4. 离心

提取完毕后，转移至离心管（注意要转移完全，减少叶绿素的损失），衡重，置于台式离心机上 4000r/min 离心 20min。取出离心管，用移液管将上清液移入刻度离心管中，塞紧塞子，4000r/min 再离心 10min。正确记录提取液的体积 V_1。

5. 测定光密度

采用分光光度法测定叶绿素 a 的含量。将提取液倒入 2cm 比色杯中，以 90％的丙酮溶液作为空白，分别在 750、663、645、630nm 波长下测提取液的光密度值（OD）。在每次改变波长测定前都要进行调零。在本次实验中，第一次测得的 OD_{750} 为 0.012，不符合标准，进行了第三次离心，4000r/min 再次离心 10min。

注意： 样品提取液的 OD_{750} 的值应小于 0.01，如不在此范围内，应再次进行离心，OD_{663} 值要求在 0.2 与 1.0 之间，或调换比色杯，或改变过滤水样量。OD_{663} 小于 0.2 时，应该改用较宽的比色杯或增加水样量；OD_{663} 大于 1.0 时，可稀释提取液或减少水样滤过量，使用 1cm 比色杯比色。

6. 叶绿素含量的计算

根据公式分别计算叶绿素 a、b、c 含量。

五、实验记录

记录测定结果在表 23 - 2 中。

表 23 - 2 测 定 结 果

	OD_{750}	OD_{663}	OD_{645}	OD_{630}	叶绿素 a 浓度（$\mu g/L$）	叶绿素 b 浓度（$\mu g/L$）	叶绿素 c 浓度（$\mu g/L$）
水样							

丙酮提取液的体积：$V_1 = mL$。

叶绿素浓度计算公式如下。

1. 样品提取液中的叶绿素浓度

C_a（$\mu g/L$）$= 11.64$（$OD_{663} - OD_{750}$）$- 2.16$（$OD_{645} - OD_{750}$）$+ 0.1$（$OD_{630} - OD_{750}$）

C_b（$\mu g/L$）$= 20.97$（$OD_{645} - OD_{750}$）$- 3.94$（$OD_{663} - OD_{750}$）$- 3.66$（$OD_{630} - OD_{750}$）

C_c（$\mu g/L$）$= 54.22$（$OD_{630} - OD_{750}$）$- 14.8$（$OD_{645} - OD_{750}$）$- 5.53$（$OD_{663} - OD_{750}$）

说明：将样品提取液在 663、645、630nm 波长下的光密度值（OD_{663}、OD_{645}、OD_{630}）分别减去 750nm 下的光密度值（OD_{750}），此值为非选择性本底物光吸收校正值。

2. 水样中叶绿素浓度

$$叶绿素 a（\mu g/L）= （C_a \times V_1）/（V_2 \times L）$$
$$叶绿素 b（\mu g/L）= （C_b \times V_1）/（V_2 \times L）$$
$$叶绿素 c（\mu g/L）= （C_c \times V_1）/（V_2 \times L）$$

式中 C_a——样品提取液中叶绿素 a 浓度，$\mu g/L$；

V_1——90％丙酮提取液的体积，mL；

V_2——离心水样的体积，L；

L——比色杯宽度，cm。

六、作业与思考题

1. 分别计算样品提取液中的叶绿素浓度值和水样中叶绿素浓度值。

2. 根据你的计算结果判断湖水富营养化程度。

3. 如何保证水样中叶绿素 α 浓度测定结果的准确性？主要应该注意哪几个方面的问题？

实验二十四　空气中微生物数量的检测

一、实验目的

1. 学习掌握检测和计数空气中微生物的基本方法；
2. 学习掌握无菌操作技术和微生物实验的基本操作；
3. 学习对室内空气进行初步的微生物学评价。

二、实验原理

空气是人类赖以生存的必须环境，也是微生物借以扩散的媒介。空气中存在着细菌、真菌、病毒、放线菌等多种微生物粒子，这些微生物粒子是空气污染物的重要组成部分。空气微生物主要来自于地面及设施、人和动物的呼吸道、皮肤和毛发等，它附着在空气气溶胶细小颗粒物表面，可较长时间停留在空气中。某些微生物还可以随着空气中细小颗粒穿过人体肺部存留在肺的深处，给身体健康带来严重危害；也可以随着空气中细小颗粒物被输送到较远地区，给人体带来许多传染性的疾病和上呼吸道疾病。因此，空气微生物含量多少可以反映所在区域的空气质量，是空气环境污染的一个重要参数。评价空气的清洁程度，需要测定空气中的微生物数量和空气污染微生物。测定的细菌指标有细菌总数和绿色链球菌，在必要时则测病原微生物。

当空气中个体微小的微生物落到适合于它们生长繁殖的固体培养基的表面时，在适温下培养一段时间后，每一个分散的菌体或孢子就会形成一个个肉眼可见的细胞群体即菌落。观察大小、形态各异的菌落，就可大致鉴别空气个存在的微生物的种类。

测量空气中微生物数量的方法主要有撞击法、过滤法、自然沉降法等。

撞击法：采用 Anderson 采样器。多级筛孔型采样器由 6 个带有微细针孔的金属撞击盘构成，盘下放置有培养基的平皿，每个圆盘上有 400 个环形排列小孔，由上到下孔径逐渐减小。气流从顶罩进第一级，较小的粒子会由于动量不足随气流绕过平皿进入下一级。经过 6 次撞击后，可把绝大部分微生物采下。此法采集粒谱范围广，一般在 $0.2 \sim 20 \mu m$ 以上；采样效率高、逃逸少，微生物存活率高。

滤过法：使一定量的空气通过吸附剂（灭菌生理盐水），然后培养吸附剂中的细菌，计算出菌落数。

自然沉降法：根据含有微生物的尘粒或液滴因重力自然下降至培养基表面来进行检测。据推算，每 $100cm^2$ 培养基在空气中暴露 5min，其表面接受自然沉降的细菌相当于 10L 空气中所含的细菌数以垂直的自然方式沉降到琼脂培养基上经过 24h 37℃温箱培养计算出菌落数。

本实验中选用方法较为简便、常用的自然沉降法检测空气中微生物的数量。

三、实验材料

1. 材料

采集样本：不同地点的空气样本。

2. 培养基

牛肉蛋白胨培养基配方如下：

　　　　　　　　　　　　牛肉膏　　　　　　5.0g

蛋白胨	10.0g
NaCl	5g
水	1000mL
pH 值	7.4~7.6

马铃薯培养基配方如下：

马铃薯	200g
蔗糖	20g
水	1000mL
pH 值	7.2

高氏一号培养基配方如下：

淀粉	20g
硝酸钾	1.0g
磷酸氢二钾	0.5g
硫酸镁	0.5g
氯化钠	0.5g
硫酸亚铁	0.01g
水	1000mL
pH 值	7.2~7.4

3. 仪器或其他用具

高压灭菌锅、三角瓶、培养皿、酒精灯、培养箱、无菌操作台等。

四、实验步骤

1. 倒平板

配制上述培养基，分装于三角瓶中，高压灭菌备用。临用前将培养基融化，冷却至 50℃左右，分别倒 16 个平板备用。

2. 暴露取样

在指定的地点草地、一层楼、三层楼、七层楼各放 4 皿，将平板皿盖打开，在空气中暴露 5min 和 10min，时间一到，立即合上皿盖。

3. 培养观察

细菌培养基平板置于 37℃培养，放线菌培养基平板和真菌培养基平板置于 28℃培养。细菌培养 48h，真菌和放线菌培养 4~6d。计数平板上的菌落，观察各种菌落的形态、大小、颜色等特征。

4. 计算 1m³ 空气中微生物的数量

根据苏联微生物学家估算的公式：如面积为 100cm² 的平板培养基，暴露在空气中 5min，置于 37℃培养 24h 后所生长的菌落数，相当于 10L 空气中的细菌数。表 24-1 为各场所空气卫生状况标准。

$$X = \frac{N \times 100 \times 100}{\pi r^2}$$

式中　X——每立方米空气中的细菌数；

N——平板暴露 5min，置 37℃培养 24h 后生长的菌落数；

r ——平皿底半径，cm。

表 24-1   空气卫生状况标准

场所	畜舍	宿舍	城市街道	市区公园	海洋上空	北纬 80°
微生物数（个）	(1~2)×106	2×104	5×103	200	1~2	0

清洁程度	细菌总数（个）
最清洁的空气（有空调）	1~2
清洁空气	<30
普通空气	31~125
临界环境	126~150
轻度污染	<300
严重污染	>301

五、实验记录

记录实验结果于表 24-2 中。

表 24-2   不同放置地点空气菌落种类以及数量

环境	菌落平均数	菌落数	菌数（个/m³）
1 楼	5min		
1 楼	5min		
3 楼	5min		
3 楼	5min		
5 楼	5min		
5 楼	5min		
7 楼	5min		
7 楼	5min		

六、作业与思考题

1. 对沉降测定法的结果进行分析。

2. 描述培养物的形态特征。

3. 计算空气中微生物含量，确定空气的卫生状况。

实验二十五　变性梯度凝胶电泳技术分析污水处理系统中微生物的多样性

一、实验目的

1. 学习掌握变性梯度凝胶电泳的原理和方法；
2. 练习变性梯度凝胶电泳的操作步骤；
3. 通过实验分析污水处理系统中微生物的多样性。

二、实验原理

双链 DNA 分子在一般的聚丙烯酰胺凝胶电泳时，其迁移行为决定于其分子大小和电荷。不同长度的 DNA 片段能够被区分开，但同样长度的 DNA 片段在胶中的迁移行为一样，因此不能被区分。变性梯度凝胶电泳（DGGE）/温度梯度凝胶电泳（TGGE）技术在一般的聚丙烯酰胺凝胶基础上，加入了变性剂（尿素和甲酰胺）梯度或是温度梯度，从而能够把长度相同但序列不同的 DNA 片段区分开来。

一个特定的 DNA 片段有其特有的序列组成，其序列组成决定了其解链区域和解链行为，一个几百个碱基对的 DNA 片段一般有几个解链区域，每个解链区域由一段连续的碱基对组成。当温度逐渐升高（或是变性剂浓度逐渐增加）达到其最低的解链区域温度时，该区域这一段连续的碱基对发生解链。当温度再升高依次达到各其他解链区域温度时，这些区域也依次发生解链。直到温度达到最高的解链区域温度后，最高的解链区域也发生解链，从而双链 DNA 完全解链。

不同的双链 DNA 片段因为其序列组成不一样，所以其解链区域及各解链区域的解链温度也是不一样的。当它们进行 DGGE/TGGE 时，一开始温度（或变性剂浓度）比较小，不能使双链 DNA 片段最低的解链区域解链，此时 DNA 片段的迁移行为和在一般的聚丙烯酰胺凝胶中一样。然而一旦 DNA 片段迁移到一特定位置，其温度（或变性剂浓度）刚好能使双链 DNA 片段最低的解链区域解链时，双链 DNA 片段最低的解链区域立即发生解链。部分解链的 DNA 片段在胶中的迁移速率会急剧降低。因此，长度相同但序列不同的 DNA 片段会在胶中不同位置处达到各自最低解链区域的解链温度，因此它们会在胶中的不同位置处发生部分解链导致迁移速率大大下降，从而在胶中被区分开来。然而，一旦温度（或变性剂浓度）达到 DNA 片段最高的解链区域温度时，DNA 片段会完全解链，成为单链 DNA 分子，此时它们又能在胶中继续迁移。因此如果不同 DNA 片段的序列差异发生在最高的解链区域时，这些片段就不能被区分开来。在 DNA 片段的一端加入一段富含 GC 的 DNA 片段（GC 夹子，一般 30～50 个碱基对）可以解决这个问题。含有 GC 夹子的 DNA 片段最高的解链区域在 GC 夹子这一段序列处，它的解链温度很高，可以防止 DNA 片段在 DGGE/TGGE 胶中完全解链。当加了 GC 夹子后，DNA 片段中基本上每个碱基处的序列差异都能被区分开。

作为一种突变检测技术，DGGE 具有如下的优点：①突变检出率高。DGGE 的突变检出率为 99％以上。②检测片段长度可达 1kb，尤其适用于 100～500bp 的片段。③非同位素性。DGGE 不需同位素掺入，可避免同位素污染及对人体造成伤害。④操作简便、快速。DGGE 一般在 24h 内即可获得结果。⑤重复性好。但是该方法需要特殊的仪器，而且合成带 GC 夹子的引物也比较昂贵。

当用 DGGE/TGGE 技术来研究微生物群落结构时，要结合 PCR 扩增技术，用 PCR 扩增的 16S rRNA 产物来反映微生物群落结构组成。通常根据 16S rRNA 基因中比较保守的碱基序列设计通用引物，其中一个引物的 5′端含有一段 GC 夹子，用来扩增微生物群落基因组总 DNA，扩增产物用于 DGGE/TGGE 分析。

本实验中，我们通过 PCR-DGGE 技术对比分析污水处理系统的微生物群落结构组成。

三、实验材料

1. 材料

活性污泥 16S rDNA V3 区 PCR 扩增产物。

2. 溶液或试剂

胶浓度为 8%变性剂浓度分别为 0%和 90%丙烯酰胺胶、50×TAE buffer、去离子甲酰胺、尿素、去离子水、10%过硫酸铵（Aps）、TEMED、sDNA 染料等。

3. 仪器或其他用具

DGGE system（D-Code，Bio-Rad）、移液管、移液枪、枪头、制胶设备、30mL 针筒、聚乙烯细管、电泳仪、生物电泳分析系统等。

四、实验步骤

1. 实验准备

首先按照实验要求将 50×TAE buffer 稀释为 1×TAE buffer，并利用 90%和 0%的变性胶分别配制 15.5mL 的 35%和 55%的变性胶溶液。其中 35%的变性溶液需要加入 6mL 90%的变性胶溶液和 9.5mL 的 0%的变性胶溶液；55%的变性溶液需要加入 9.5mL 90%的变性胶溶液和 6mL 的 0%的变性胶溶液。

2. 实验操作

（1）将海绵垫固定在制胶架上，把类似"三明治"结构的制胶板系统垂直放在海绵上方，用分布在制胶架两侧的偏心轮固定好制胶板系统，注意一定是短玻璃的一面正对着自己。

（2）将 3 根聚乙烯细管中短的那根与 Y 形管相连，两根长的则与小套管相连，并连在 30mL 的注射器上。

（3）在两个注射器上分别标记"高浓度"与"低浓度"，并安装上相关的配件；逆时针方向旋转凸轮到起始位置。将体积设置显示装置固定在注射器上并调整到目标体积设置。

（4）配制两种变性浓度的丙烯酰胺溶液到两个离心管中，每管加入 12μL TEMED，80μL10% APS，迅速盖上并旋紧帽后上下颠倒数次混匀。将两种变性溶液分别吸入相应注射器中。

（5）通过推动注射器推动杆小心赶走气泡并轻柔地晃动注射器，推动溶液到聚丙烯管的末端。

（6）分别将高浓度、低浓度注射器放在梯度传送系统的正确一侧固定好，再将注射器的聚丙烯管同 Y 形管相连，轻柔并稳定地旋转凸轮来传送溶液，以使溶液恒速的被灌入到三明治式的凝胶板中，灌完后插上梳子，迅速清洗用完的设备。

（7）待胶干后，在梳孔中用注射器点样（预先准备的活性污泥 16S rDNA V3 区 PCR 扩增产物）。

（8）在 75V 的条件下电泳 20h。

（9）在 200mL 1×TAE 中加入 30μL sDNA 染料（或 20ul 1% EB），混匀后小心倒入一容器中。

（10）拨开一块玻璃板，将胶（带着一块玻璃板）放入容器中，轻轻晃动玻璃板，使胶与玻璃板脱落，置水平摇床轻轻摇晃染色 20min。

（11）待条带出现后，利用生物电泳分析系统对染色后的胶进行拍照。

五、作业与思考题

1. 通过实验结果 DGGE 图谱分析污水处理系统中的微生物。

2. 如果你在做 DGGE 实验时得到的指纹图谱的所有条带都在凝胶的上端，可能是什么因素导致的，你怎么来解决这个问题？实验前做什么样的准备工作可以避免这样的结果出现？

3. 如果你的 DGGE 图谱很模糊，只有很少的几个条带，这个结果能用吗？可能是什么原因导致的？

实验二十六　限制性片段长度多态性技术分析污水处理系统中微生物的多样性

一、实验目的

1. 了解限制性片段长度多态性技术在分子生物学研究中的意义；

2. 学习掌握限制性片段长度多态性技术的原理及操作方法和步骤。

二、实验原理

限制性片段长度多态性 RFLP（Restriction Fragment Length Polymorphism，RFLP）技术于 1980 年由人类遗传学家 Bostein 提出。它是第一代 DNA 分子标记技术。Donis-Keller 利用此技术于 1987 年构建成第一张人的遗传图谱。DNA 分子水平上的多态性检测技术是进行基因组研究的基础。RFLP 已被广泛用于基因组遗传图谱构建、基因定位及生物进化和分类的研究。RFLP 是根据不同品种（个体）基因组的限制性内切酶的酶切位点碱基发生突变，或酶切位点之间发生了碱基的插入、缺失，导致酶切片段大小发生了变化，这种变化可以通过特定探针杂交进行检测，从而可比较不同品种（个体）的 DNA 水平的差异（多态性），多个探针的比较可以确立生物的进化和分类关系。所用的探针为来源于同种或不同种基因组 DNA 的克隆，位于染色体的不同位点，从而可以作为一种分子标记（Mark），构建分子图谱。

当某个性状（基因）与某个（些）分子标记协同分离时，表明这个性状（基因）与分子标记连锁。分子标记与性状之间交换值的大小，即表示目标基因与分子标记之间的距离，从而可将基因定位于分子图谱上。分子标记克隆在质粒上，可以繁殖及保存。不同限制性内切酶切割基因组 DNA 后，所切的片段类型不一样，因此限制性内切酶与分子标记组成不同组合进行研究。常用的限制性内切酶一般是 HindⅢ，BamHⅠ，EcoRⅠ，EcoRV，XbaⅠ而分子标记则有几个甚至上千个。分子标记越多，则所构建的图谱就越饱和。构建饱和图谱是 RFLP 研究的主要目标之一。

该技术是利用限制性内切酶能识别 DNA 分子的特异序列，并在特定序列处切开 DNA 分子，即产生限制性片段的特性，对于不同种群的生物个体而言，他们的 DNA 序列存在差别。如果这种差别刚好发生在内切酶的酶切位点，并使内切酶识别序列变成了不能识别序列或是这种差别使本来不是内切酶识别位点的 DNA 序列变成了内切酶识别位点。这样就导致了用限制性内切酶酶切该 DNA 序列时，就会少一个或多一个酶切位点，结果产生少一个或多一个的酶切片段。这样就形成了用同一种限制性内切酶切割不同物种 DNA 序列时，产生不同长度大小、不同数量的限制性酶切片段。后将这些片段电泳、转膜、变性，与标记过的探针进行杂交，洗膜，即可分析其多态性结果。

三、实验材料

1. 材料

样品：采集某污水处理厂二沉池回流污泥中的活性污泥为研究样本。

菌种：感受态大肠杆菌。

2. 溶液或试剂

SLX mlus 缓冲液、DS 缓冲液、SP2 缓冲液、异丙醇、Elution Buffer、HTR 溶液、XP2 Buffer、XP2 缓冲液、无水乙醇、SPW 洗脱液、PCR 反应体系、1％琼脂糖、Binding Buffer、Wash buffer、连接反应体系、100mg/mL 氨苄青霉素（Ampicillin，Amp）、X-gal（4％）和 30μL IPTG（0.1mol/L）、TE 缓冲液、菌落 PCR 体系、酶切反应体系。

3. 培养基

SOC 培养基配方如下：

蛋白胨	20.0g
酵母浸粉	5.0g
NaCl	0.5g
Kcl	0.186g
$MgCl_2$	0.95g
$MgSO_4$	1.2g
葡萄糖	3.6g
水	1000mL
pH 值	7.0±0.2

116℃高压灭菌 30min，备用。

LB 固体培养基配方如下：

蛋白胨	10g
酵母提取物	5g
NaCl	10g
琼脂粉	12g
水	1000mL
pH 值	7.5

高压蒸汽灭菌锅，灭菌 20min。

4. 仪器或其他用具

PCR 扩增仪、电泳仪及电泳槽、水浴锅、冰箱、紫外仪、制冰机、恒温箱、Spin column、HiBind DNA Column、离心管、滤纸等。

四、实验步骤

1. 样品总 DNA 的提取

（1）取活性污泥样品 50g 和 135mL 的 DNA 提取缓冲液加入到 150mL 离心管中，置于 37℃下充分混合 0.5h，浓缩其中微生物于 2mL 离心管，作为实验样品。

（2）向上述处理好的实验样品中加入 1mL SLX mlus 缓冲液，并用涡旋仪最大速度涡旋 3～5min。

（3）加入 100μL DS 缓冲液，并涡旋使其混匀。

（4）用水浴锅于 70℃水浴 10min，其间将离心管上下颠倒混匀一次。

（5）室温离心 2min，转移 800μL 上清液至新的 2mL 离心管中，并加入 270μL SP2 缓冲液，涡旋使其充分混匀。

（6）5000r/min 离心 5min。

（7）小心转移上清液至新的 2mL 离心管中，并加入 0.7 体积异丙醇，上下颠倒混合 20～30次，置于－20℃冰箱中 1h。

（8）4℃离心 10min，沉淀 DNA。

（9）小心倒掉上清液，确保不搅动 DNA 沉淀，将离心管倒置于滤纸上 1min，吸掉液体，DNA 沉淀不需干燥。

（10）加入 200μL Elution Buffer 于上述离心管中，涡旋 10min，用水浴锅于 65℃温育 20min，溶解 DNA 沉淀。

（11）加入 50～100μL HTR 溶液于上述离心管中，并涡旋 10min 使其充分混匀。

（12）室温下温育 2min，5000r/min 离心 2min。

（13）转移上清液至新的 2mL 离心管中。

（14）加入等量 XP2 Buffer 于上述离心管中，并涡旋使其充分混匀。

（15）将 HiBind DNA Column 插入配套的 2mL 收集管中，将步骤（14）中的样品转入其中，室温下 5000r/min 离心 1min，倒掉直流液，收集管重复利用。

（16）加入 300mL XP2 缓冲液于上述离心管中，5000r/min 离心 1min，弃掉直流液和收集管。

（17）将 HiBind DNA Column 置于新的 2mL 收集管中，并加入 700μL 用无水乙醇稀释的 SPW 洗脱液，5000r/min 离心 1min，弃掉直流液，收集管重复利用。

（18）重复步骤（17）。

（19）弃掉直流液和收集管，将 HiBind DNA Column 重新插入新的收集管中，室温下 5000r/min 离心 2min，除去残留乙醇。

（20）将 HiBind DNA Column 置于新的 1.5mL 灭菌离心管中，加入 30μL Elution Buffer 于 HiBind DNA Column 中心，用水浴锅于 65℃下温育 15min。

（21）12 000r/min 离心 1min，洗提 DNA。

2. 16S rDNA PCR 扩增

（1）PCR 反应体系：ddH$_2$O 19μL、上游引物（5μmol/L）2μL、下游引物（5μmol/L）2μL、DNA 2μL、Mix 25μL，总体积 50μL。

（2）将配制好的 PCR 反应体系置于掌上离心机，离心使其充分混匀。

（3）将离心后的 PCR 体系于 PCR 仪中进行聚合酶链式反应。其中，16S rDNA 聚合酶链式反应条件：94℃预变性 5min，94℃变性 45s，58.5℃退火 45s，72℃延伸 90s，完成 36 个循环；72℃延伸 10min；4℃下保存。18S rDNA 聚合酶链式反应条件：94℃预变性 5min、94℃变性 45s，53℃退火 45s，72℃延伸 90s，完成 36 个循环；72℃延伸 10min；4℃下保存。

（4）用 1%琼脂糖凝胶电泳检测 PCR 产物。正常情况下，PCR 产物琼脂糖凝胶电泳图谱为一条均一且清晰的亮带。

3. 特异性片段回收纯化

（1）用紫外仪观察 PCR 产物琼脂糖凝胶电泳图谱，选取均一且较亮条带进行胶回收，即切割含有特异性片段的琼脂糖，并将其置于已称重的 1.5mL 离心管中。

（2）向上述离心管中加入 Binding Buffer（1g 琼脂糖加入 1mL Binding Buffer），用水浴锅于 50～60℃水浴 10min，使琼脂糖凝胶完全溶解。

（3）将一个 Spin column 放入试剂盒配备的 2mL 收集管中，转移步骤（2）中液体于 Spin column，12 000r/min 离心 1min，弃去直流液。

（4）加入 300μL Binding Buffer 于上述 Spin column 中，12 000r/min 离心 1min，弃去直流液。

（5）加入 700μL Wash buffer 于上述 Spin column 中，12 000r/min 离心 1min，弃去直流液。

（6）重复步骤（4）。

（7）12 000r/min 离心 2min，除去残留乙醇。

（8）将上述 Spin column 置于新的 1.5mL 灭菌离心管中，并加入 30μL Elution buffer，室温静置 1min，12 000r/min 离心 1min，得到纯化 PCR 产物。

4. 目的片段和载体连接

（1）配制连接反应体系，见表 26-1。

表 26-1

成分	体积（μL）	成分	体积（μL）
ddH₂O	4.5	T 载体（质粒）	1
5×Ligation buffer	2.5	纯化 PCR 产物	1
T4 DNA ligase	1		
总体积			10μL

（2）将配制好的连接反应体系置于掌上离心机，离心使其充分混均。

（3）将离心后的连接反应体系于 PCR 仪中进行连接反应。反应条件：22℃ 1h，4℃ 12～16h。

5. 转化

（1）用制冰机制备所需要的冰。

（2）于−80 ℃冰箱取出感受态大肠杆菌，并迅速置于上述冰上，使其缓慢融化。

（3）待感受态大肠杆菌融化后，取 50μL 于新的 1.5mL 灭菌离心管中，并加入 5μL 连接产物，冰育 30min。

（4）42℃热激 90s。

（5）热激后迅速置于冰上，冰育 2.5min，然后加入 470μL SOC 培养基。

（6）37℃摇床活化培养 1h。

（7）LB 固体培养基灭菌后，待其自然凉至 60℃时，加入适量 100mg/mL 氨苄青霉素（Ampicillin，Amp），使其终浓度保持 50μg/mL，然后制备平板。

（8）取 30μL X-gal（4%）和 30μL IPTG（0.1mol/L），加入步骤（6）所述离心管中，用移液枪反复吸打混匀。

（9）吸取 150μL 上述混合液，涂布于制备好的平板上。

（10）待平板表面液体全干，将其倒置于 37℃恒温箱中培养 16h。

（11）观察培养结果，并将长出大肠杆菌的平板置于 4℃冰箱，使假阳性菌落变蓝，便于蓝白斑筛选。

6. 蓝白斑筛选

（1）制备含 Amp 的 LB 固体培养基平板，制备方法同 5 步骤（7）。

（2）对 5 步骤（11）所述平板菌落进行蓝白斑筛选，即用灭菌牙签挑取白色菌落，有规律地置于上述制备好的平板上，并倒置于 37℃恒温培养箱中，培养 16h。

（3）观察培养结果，并准备下一步实验（如果不及时进行下一步实验，需要将其置于 4℃冰箱中保存）。

7. 菌落直接聚合酶链式反应（PCR）

（1）按照 6 步骤（3）所述平板菌落编号。

（2）向 96 孔板中加入 TE 缓冲液，每孔 50μL，并用枪头挑取相应编号菌落置于其中，制备裂解反应体系。

（3）将上述裂解反应体系于 PCR 仪中进行裂解反应，反应条件：98℃ 10min。

（4）配制菌落 PCR 体系，见表 26-2。

表 26-2

成分	体积（μL）	成分	体积（μL）
ddH₂O	7	DNA（裂解产物）	1
M13/PUC R	1	Mix	10
M13/PUC F	1		
总体积		20μL	

（5）将配制好的菌落 PCR 体系置于掌上离心机，离心使其充分混匀。

（6）将离心后的反应体系于 PCR 仪中进行聚合酶链式反应，反应条件：94℃预变性 5min，94℃变性 45s，53℃退火 45s，72℃延伸 90s，完成 36 个循环；72℃延伸 10min；4℃下保存。

（7）用 1%琼脂糖凝胶电泳检测菌落 PCR 产物，正常情况下，其琼脂糖凝胶电泳图谱为一条均一且清晰的亮带。

8. 限制性核酸内切酶酶切反应

（1）根据菌落 PCR 产物琼脂糖凝胶电泳图谱，选取能够满足酶切反应要求的 PCR 产物进行酶切反应。

（2）配制酶切反应体系，见表 26-3。

表 26-3

成分	体积（μL）	成分	体积（μL）
ddH$_2$O	5.25	内切酶 HhaI/ RsaI	0.25
10×酶切缓冲液	1	PCR 产物	3.5
总体积		10μL	

（3）将配制好的酶切反应体系置于掌上离心机，离心使其充分混匀。

（4）将离心后的酶切反应体系于 PCR 仪中进行酶切反应，反应条件：37℃ 20min；80℃ 5min；4℃下保存。

（5）3% 琼脂糖凝胶电泳分离酶切片段。

（6）用凝胶成像系统对酶切产物琼脂糖凝胶电泳结果拍照，得到酶切图谱。

9. 酶切图谱分析

（1）分析酶切图谱，根据电泳条带位置、数目和信号强度异同进行分类单元划分（OTU）。

（2）各 OTU 中任选一个克隆子进行测序。

10. 测序

（1）配制含 Amp（50μg/mL）的 LB 培养基 [同 5 步骤（7）]，并将其分装于 1.5mL 离心管中，每离心管 1mL。

（2）待培养基凝固后，用灭菌牙签挑取相应克隆子，垂直插入离心管 2/3 处，并确保穿入菌量。

（3）将制备好的穿刺管置于 37℃恒温培养箱，培养 16h。

（4）将上述经过 16h 恒温培养的穿刺管送生工生物工程（上海）股份有限公司完成测序反应。

五、作业与思考题

1. 实验过程中有哪些注意事项？

2. 试分析酶切图谱。

实验二十七　环境水体中典型致病菌的定量 PCR 检测

一、实验目的

1. 应用分子生物学方法检测水源水和饮用水中的典型致病菌；

2. 通过对水中典型致病菌的检测，了解水厂的净水工艺是否能完全除去和灭活典型致病菌。

二、实验原理

在自然界清洁水体中，1mL 水中的细菌总数在 100 个以下，而受到严重污染的水体可达 100 万个以上。水体受到生物性污染后，最常见的危害是居民通过饮用、接触等途径而引起介水传染病的流行。这类疾病包括霍乱、伤寒、痢疾、肝炎等肠道传染病，水体中的病原菌主要指传染性肠道病原菌，如伤寒沙门氏菌、传染菌痢的志贺氏菌、霍乱弧菌、大肠埃希氏菌等，这些病原菌都足以使人致病，严重时还会造成人的死亡。

水域性病原菌的常规监测，对于公共健康来说是非常重要的。水体中病原菌的检测主要基于选择性培养和标准的生物化学方法。但这些方法存在一系列的缺陷。首先，水体中的病原细菌通常含量很少，取样和计数过程可能导致较大误差。其次，细菌培养方法通常费时、费力，检测单一。第三，环境中的病原微生物，有些很难培养甚至不能培养，却仍然能致病，这样会导致检测到的致病菌数目减少或实验失败。传统方法采用埃希氏大肠菌作为粪便污染的指示生物，但近年来，此种方法也遭到质疑。流行病学资料表明，埃希氏大肠菌或粪大肠菌与志贺氏痢疾杆菌、霍乱弧菌、沙门氏菌等其他病原菌引起的水域传染病没有直接联系。这些病原菌都有潜在的致病风险，却没有列入常规水质评价指标之内。很明显，传统的水质检测方法不仅落后，更重要的是不能为公共健康提供可靠的保护。

聚合酶链反应技术，简称 PCR 技术，使快速、准确地鉴定和分析病原体成为可能。PCR 技术是一种体外核酸扩增技术，其原理类似于 DNA 的体内复制，只是在试管中给 DNA 的体外合成提供合适的条件包括模板 DNA、寡核苷酸引物、DNA 聚合酶、合适的缓冲体系、DNA 变性、复性及延伸的温度与时间。PCR 具有特异、敏感、产率高、快速、简便、重复性好、易自动化等突出优点，能在一个试管内将所要研究的目的基因或某一 DNA 片段于数小时内扩增至十万乃至百万倍，供分析研究和检测鉴定。在水环境领域 PCR 技术也成为一种有力的微生物鉴定工具，可用于研究某一特定环境中微生物区系的组成和特定微生物的动态变化。运用多重 PCR 可在同一 PCR 反应体系里加上两对以上引物，针对多个 DNA 模板或同一模板的不同区域进行扩增的过程，从而满足同时分析不同 DNA 序列的需要，完成多种病原微生物的同时检测和鉴定。当我们想知道某一转基因动植物转基因的拷贝数或者某一特定基因在特定组织中的表达量。在这种需求下荧光定量 PCR 技术应运而生。所谓的实时荧光定量 PCR 就是通过对 PCR 扩增反应中每一个循环产物荧光信号的实时检测从而实现对起始模板进行定量及定性的分析。在实时荧光定量 PCR 反应中，引入了一种荧光化学物质，随着 PCR 反应的进行，PCR 反应产物不断累计，荧光信号强度也等比例增加。每经过一个循环，收集一个荧光强度信号，这样我们就可以通过荧光强度变化监测产物量的变化，从而得到一幅荧光扩增曲线图。

三、实验材料

1. 材料

代表性病原菌志贺氏菌（Shigella）、金黄色葡萄球菌（Staphylococcus aureus）、沙门氏菌（Salmonella）、大肠杆菌（Escherichia coli）的菌株。

2. 溶液或试剂

Tris、SDS、Agrose、RealMaster Mix、Taq DNA Polymerase、Buffer for Taq DNA Pol、dNTP（10mg/mL）、EB 溶液、SYBR Green Ⅰ、100bP$^+$ 1.5kbp Ladder、D2000Marker、Digestion solution、Proteinmerase K、NaCl solution、CTAB/NaCl solution、TE pH8.0、Boiled Rnase A Protocol、4‰Na$_2$S$_2$O$_3$溶液。

3. 仪器及其他用具

超净工作台、高速台式离心机、水浴恒温振荡器、沙芯过滤装置、无油隔膜真空泵、基因扩增热循环仪、电泳仪、荧光定量PCR仪、凝胶成像系统、微量移液器、离心管、滤膜。

四、实验步骤

1. 水样采集

采集取水口（水源水）和净化消毒处理后的出厂水水样，每点用塑料桶采集上层水 10L（出厂水采样前自来水龙头经常规消毒，放水 5min 后取样。按 1‰比例迅速加入 4%的 Na$_2$SO$_3$脱氯），同时按"生活饮用水标准检验法"要求，采集水样做细菌及有关指标检测，出厂水余氯含量测定在采样点进行。

2. 细菌 DNA 的提取方法

水样 DNA 的制备：将采集好的水样用沙芯过滤装置抽滤，每个水样取 200mL，灭菌镊子夹取滤膜边缘部分，用双蒸水将滤膜上截留的细菌完全冲洗。此样品离心（7000r/min 5min），倒出上清液，加入 200uL 含溶菌酶的 TE，振荡混匀，室温下 5min。

加 300μL Digestion solution，振荡混匀，再加入 5μL Proteinmerase K，振荡混匀，55℃下水浴 30min，接着加入 100μL NaCl 溶液，振荡混匀，加入 100 100μL CTAB/NaCl Solution（预热到 65℃），65℃下水浴 10min。

加入氯仿 700μL，室温振荡，10 000r/min 离心 10min。取上清液，加入等体积的氯仿，室温振荡，8000r/min 离心 10min。取上清液，加入等体积的 80%异丙醇，振荡混匀，放置在−20℃下沉淀 10min，10 000r/min 离心 10min。倒出异丙醇，加入 0.3mL 70%乙醇洗 DNA，振荡，8000r/min 离心 5min，吹干乙醇。加入 30μL 双蒸水重悬。DNA 模板长期保存在−20℃。实验中取用 2μL DNA 用于 PCR 分析。

标准菌株 DNA 制备：取标准菌株原液或 10 倍稀释液 1mL，采用上述苯酚氯仿法提取。

3. 定量 PCR 检测

（1）定量 PCR 引物。

沙门氏菌针对 fimY 基因设计引物：

上游：5′-3′：CCATGCAGGGAAAGACAC。

下游：5′-3′：CCCAGCCATACGG ATAAAC。

大肠杆菌选择右旋半乳糖苷酶基因作为靶基因设计引物：

上游：5′-3′：TGGGATCTGCCATITGTCAGA。

下游：5′-3′：CACTGGTGTGGGCCATAAT。

金黄色葡萄球菌针对特异耐热核酸酶 nuc 基因设计引物：

上游：5′-3′：CCTGAAGCAAGTGCATTTACGA。

下游：5′-3′：CTTTAGCCAAG CCTTGACGAACT。

志贺菌根据 Sh 的 ipaH 基因设计引物：

上游：5′-3′：CGGAATCCGGAGGTATTGC。

下游：5′-3′：CCTTTTCCGCCTTCCTTGA。

（2）定量 PCR 反应体系。将按表 27 - 1 混合的反应液，加入八连管（MJ Research TLs-0251），用超净管盖封闭（MJ Research TCS-0803），反应液混合后将反应管放入 96 孔反应板中，一起放入定量 PCR 仪，按照设定的程序进行扩增反应。最终反应体系为表 27 - 1。

表 27 - 1　定量 PCR 反应体系

组成成分	25μL 体系	终浓度
2×SYBRMix solution	12.5μL	1×
正向引物（10μmmol/L）	1μL	0.4μmmol/L
反向引物（10μmmol/L）	1μL	0.4μmmol/L
Tap 酶（5U/μL）	0.3μL	0.06U
DNA 模板	1μL	—
超纯水	9.2μL	—

（3）定量 PCR 程序设定。定量 PCR 的程序设定，每个循环都采用已优化的常规 PCR 程序，但在每个循环结束后，需升温至 85℃，保持两秒读板。读板温度设在 85℃ 是因为根据设计软件计算和实验得到的 PCR 扩增产物的解链温度为 88.4～88.8℃，引物二聚体的解链温度为 75～80℃。读板温度应设在比扩增产物解链温度低 3℃ 左右。此时，与引物二聚体等双链 DNA 结合的荧光染料变成游离状态，几乎不显荧光信号，而与扩增产物结合的荧光染料仍然可显示强荧光信号，即可获得特异性产物的荧光值。

全部循环结束后，绘制溶解曲线，温度范围为 70～95℃，每隔 0.2℃ 读板一次。

最终程序设定如下：

a. 94℃，4min；

b. 93℃，30s；

c. 55℃，30s；

d. 72℃，30s；

e. 85℃，2s；

f. 读板；

g. 执行第 2 步，39 个循环；

h. 绘制溶解曲线：从 70～95℃，每隔 0.2℃ 读板一次，保持 1s；

i. 结束。

（4）分析软件设定。阈值线设定为最初的 3～15 个循环荧光值标准偏差的 10 倍。这一阈值自动的应用于所有的孔，使得在该点处对标准品和样品比较产生一致的结果。在任何实验中，标准品和样品的阈值线设定相同十分关键。

（5）DNA 模板的制备。标准曲线膜板：以 6.8×10⁶ CFU/100mL 大肠杆菌基因组 DNA 为母液制备浓度梯度样品。在 $25\mu L$ 的反应体系中分别加入 $1\mu L$ 各稀释度的样品制作标准曲线。

水样 DNA 模板：对采集的水样 DNA 模板，取 $1\mu L$ 加入 $25\mu L$ 反应体系中，进行定量 PCR 反应。

（6）取定量 PCR 扩增产物进行琼脂糖凝胶电泳检测。

五、实验结果

检查定量 PCR 扩增产物电泳图谱，在有阳性对照存在的情况下，有相应 DNA 的电泳条带记为阳性"＋"，否则记为阴性"－"。

六、作业与思考题

1. 分析定量 PCR 扩增产物的琼脂糖凝胶电泳图谱。
2. 查阅相关资料，比较定量 PCR 测定技术与传统测定技术。

实验二十八　物理和化学因素对微生物生长发育的影响

一、实验目的

1. 观测氧气、温度、紫外线对微生物生长的影响；
2. 认识细菌芽孢对热、紫外线的抗力；
3. 掌握检测 pH 值、化学药剂对微生物生长影响的方法；
4. 了解化学因素对微生物生长的影响。

二、实验原理

影响微生物生长的外界因素很多，其一是营养物质，其二是许多物理、化学因素。当环境条件的改变，在一定限度内，可引起微生物形态、生理、生长、繁殖等特征的改变；当环境条件的变化超过一定极限时，则会导致微生物的死亡。研究环境条件与微生物之间的相互关系，有助于了解微生物在自然界的分布与作用，也可指导人们在食品加工中有效地控制微生物的生命活动，保证食品的安全性，延长食品的货架期。

1. 物理因素

微生物对氧气的需要和耐受力在不同的类群中变化很大，根据微生物与氧的关系，可把它们分为以下几种类群。

（1）专性好氧菌。必须在有分子氧的条件下才能生长，有完整的呼吸链，以分子氧作为最终氢受体，细胞含有超氧物歧化酶和过氧化氢酶。

（2）微好氧菌。只能较低的氧分压下才能正常生长，通过呼吸链并以氧气为最终氢受体而产能。

（3）兼性好氧菌。在有氧或无氧条件下均能生长，但有氧情况下生长得更好，在有氧时靠呼吸产能，无氧时接发酵或无氧呼吸产能；细胞含有 SOD 和过氧化氢酶。

（4）耐氧菌。可在分子氧存在下进行厌氧生活的厌氧菌。生活不需要氧，分子氧也对它无毒害。不具有呼吸链，依靠专性发酵获得能量。细胞内存在 SOD 和过氧化物酶，但缺乏过氧化氢酶。

（5）厌氧菌。分子氧对它有毒害，短期接触空气，也会抑制其生长甚至致死；在空气或含有 10% CO_2 的空气中，在固体培养基表面上不能生长，只有在其深层的无氧或低氧化还原电势的环境下才能生长；生命活动所需能量通过发酵、无氧呼吸、循环光合磷酸化或甲烷发酵提供；细胞内缺乏 SOD 和细胞色素氧化酶，大多数还缺乏过氧化氢酶。

温度是影响微生物生长繁殖最重要的因素之一。温度改变，影响在生物体内所进行的许多生化反应，因而影响生物的代谢活动。此外，温度改变可引起其他环境因子变化，从而影响微生物的生命活动。在一定温度范围内，生化反应速率随温度上升而加快；超过一定限度，则细胞功能下降以至死亡。

微生物对低温的抵抗力较强，低温一般只能抑制其生长繁殖，很少有致死作用。细菌芽孢和霉菌孢子可在－190℃下存活半年。不同微生物有其生长的最低、最适和最高温度，最高温度总是比最低温度更接近于最适温度。生长最适温度不等于发酵最适温度，也不等于积累代谢物最适温度。所以，在生产实践中，为提高产量，常采用变温培养。低温可降低机体的代谢活力，使其生长繁殖停滞，故广泛应用于保藏菌种。

高温致死微生物，该作用广泛用于消毒和灭菌。实践中常用的高温灭菌方法归纳如下：高压蒸汽灭菌常用压力为 1.03×10^5 Pa，相应温度为 121℃，维持 15～30min，可杀死包括细菌芽孢在内的所有微生物。各种培养基的灭菌要求因其组分不同而有所不同。

电磁辐射包括可见光、红外线、紫外线、X 射线和 γ 射线等均具有杀菌作用。紫外线波长以 265～266nm 的杀菌力最强，其杀菌机理是复杂的，细胞原生质中的核酸及其碱基对紫外线吸收能力强，吸收峰为 260nm，而蛋白质的吸收峰为 280nm，当这些辐射能作用于核酸时，便能引起核酸的变化，破坏分子结构，主要是对 DNA 的作用，最明显的是形成胸腺嘧啶二聚体，妨碍蛋白质和酶的合成，引起细胞死亡。

紫外线的杀菌效果，因菌种及生理状态而异，照射时间、距离和剂量的大小均有影响。由于紫外线的穿透能力差，不易透过不透明的物质，即使一薄层玻璃也会被滤掉大部分。在食品工业中紫外线杀菌适于厂房内空气及物体表面消毒，也有用于饮用水消毒的。

适量的紫外线照射，可引起微生物的核酸物质 DNA 结构发生变化，进而可以培育新性状的菌种。因此，紫外线常常作为诱变剂用于育种工作中。

2. 化学因素

抑制或杀死微生物的化学因素种类极多，用途广泛，性质各异。其中，表面消毒剂和化学药剂最为常见。表面消毒剂在极低浓度时，常常表现为对微生物细胞的刺激作用，随着浓度的逐渐增加，就相继出现抑菌和杀菌作用，对一切活细胞都表现活性。化学药剂主要包括一些抗代谢物，如抗生素等。在微生物实验中，pH 值的变化也对微生物生长有很大影响。

常用的化学消毒剂主要有重金属及其盐类、有机溶剂（酚、醇、醛等）。重金属及其盐类对微生物都有毒害作用，其机理是金属离子容易和微生物的蛋白质结合而使蛋白质发生变性或沉淀。汞、银、砷的离子对微生物的亲和力较大，能与微生物酶蛋白的-SH 基结合，影响其正常代谢。汞化合物是常用的杀菌剂，杀菌效果好，多用于医药业中。重金属及其盐类虽然杀菌效果好，但对人有毒害作用，所以严禁用于食品工业中防腐或消毒。

三、实验材料

1. 材料

菌种：大肠杆菌、枯草芽孢杆菌、丙酮－丁醇梭菌、金黄色葡萄球菌、酿酒酵母菌等。

2. 溶液或试剂

土霉素、新洁尔灭、复方新诺明、汞溴红、结晶紫溶液等。

3. 培养基

牛肉膏蛋白胨培养基配方如下：

牛肉膏	3.0g
蛋白胨	10.0g
NaCl	5.0g
水	1000mL
pH 值	7.4～7.6

121℃高压蒸汽灭菌，30min。

葡萄糖蛋白胨培养基配方如下：

葡萄糖	0.5g
蛋白胨	0.5g
K_2HPO_4	0.5g
水	100mL
pH 值	7.2～7.4

0.1MPa 灭菌，30min。

麦芽汁液体培养基配方如下：

麦芽汁	70mL
pH 值	自然

灭菌 1.05kg/cm², 20min 高温灭菌后倒平板。

豆芽汁葡萄糖培养基配方如下：

黄豆芽	10g
葡萄糖	5g
琼脂	1.5～2g
水	100mL
pH 值	自然

0.1MPa 灭菌，30min。

察氏培养基配方如下：

$NaNO_3$	3g
$K_2HPO_4 \cdot 3H_2O$	1g
$MgSO_4 \cdot 7H_2O$	0.5g
KCl	0.5g
$FeSO_4$	0.01g
蔗糖	30g
琼脂	20g
水	1000mL

121℃高压蒸汽灭菌，30min。

4. 仪器或其他用具

培养皿、无菌圆滤纸片、镊子、无菌水、无菌滴管、水浴锅、紫外线灯、黑纸、试管、接种针、温箱、刮铲、吸管、振荡器、调温摇床、游标尺、分光光度计等。

四、实验步骤

1. 物理因素——氧气对微生物生长的影响

（1）制备试管培养基。依据培养基配方制作牛肉膏蛋白胨半固体培养基，灭菌备用。

（2）接种与培养。取上述试管 7 支，用穿刺接种法分别接种枯草芽孢杆菌、大肠杆菌和丙酮 - 丁醇梭菌，每种菌接种两支培养基试管，剩余一支作为空白对照。

注意：穿刺接种到上述培养基中时，必须穿刺到管底。在 37℃ 恒温箱中培养 48h。

（3）观察结果。取出试验样品，观察各菌株在培养基中生长的部位。

2. 物理因素——温度对微生物生长的影响

（1）配制培养基。配制牛肉膏蛋白胨培养液试管（标记 A）和豆芽汁葡萄糖培养液试管（标记 B），每管装 5mL 培养液，灭菌备用。

（2）选择试验温度。取 16 支 A 培养液试管和 8 支 B 培养液试管，分别标明 20℃、28℃、37℃ 和 45℃ 4 种温度，每种温度 A 培养液 4 管，B 培养液 2 管。

（3）接种与培养。A 试管分别接入培养 18～20h 的大肠杆菌、枯草芽孢杆菌菌液 0.1mL，混匀；同样 B 试管接入培养 18～20h 的酿酒酵母菌液 0.1mL，混匀；每个处理设两个重复，并进行标记。放在标记温度下振荡培养 24h。

（4）观察结果。根据菌液的混浊度判断大肠杆菌、枯草芽孢杆菌和酿酒酵母菌生长繁殖的最适温度。

3. 物理因素——高温对微生物生长的影响

（1）选取培养基。取 8 支 A 培养液试管，按顺序从 1 到 8 编号。

（2）接种。其中 4 支（如 1、3、5、7）培养液试管中各接入培养 48h 的大肠杆菌的菌悬液 0.1mL，其余 4 支（2、4、6、8）培养液试管中各接入培养 48h 的枯草芽孢杆菌的菌悬液 0.1mL，混匀。

（3）高温水浴。将 8 支已接种的培养液试管同时放入 100℃ 水浴中，10min 后取出 1～4 号管，再过 10min 后，取出 5～8 号管。各管取出后立即用冷水冷却。

（4）培养。将各管置于其最适温度的培养箱中培养 24h。

（5）观察结果。依据菌株生长状况记录结果。以"－"表示不生长，"＋"表示生长，并以"＋"，"＋＋"，"＋＋＋"表示不同生长量。

4. 物理因素——紫外线对微生物生长的影响

（1）标记培养基。取牛肉膏蛋白胨培养基平板 3 个，分别标明大肠杆菌、枯草芽孢杆菌、金黄色葡萄球菌等试验菌的名称。

（2）接种。分别用无菌吸管取培养 18～20h 的大肠杆菌、枯草芽孢杆菌和金黄色葡萄球菌菌液 0.1mL（或 2 滴），加在相应的平板上，再用无菌刮铲涂布均匀。

（3）紫外线处理。打开培养皿盖，用无菌黑纸遮盖部分平板，置于预热 10～15min 后的紫外灯下，紫外线照射 20 min 左右，取去黑纸，盖上皿盖。

（4）培养。在 37℃ 培养箱中培养 24h。

（5）观察结果。观察菌株分布状况，比较并记录 3 种菌对紫外线的抵抗能力。

5. 化学因素——化学药剂对微生物生长的影响

（1）配制菌悬液。取培养 18～20h 的大肠杆菌、枯草芽孢杆菌和金黄色葡萄球菌斜面各一支，分别加入 4mL 无菌水，用接种环将菌苔轻轻刮下、振荡，制成均匀的菌悬液，菌悬液浓度大约为 106cfu/mL。

（2）滴加菌样。首先取 3 个无菌培养皿，每种试验菌一皿，在皿底写明菌名及测试药品名称。然后分别用无菌滴管加菌 4 滴（或 0.2mL）菌液于相应的无菌培养皿中。

（3）制含菌平板。将融化并冷却至 45～50℃的牛肉膏蛋白胨培养基倾入皿中约 12～15mL，迅速与菌液混匀，冷凝备用。

（4）化学药剂处理。用镊子取分别浸泡在土霉素、复方新诺明、新诺尔灭、红汞和结晶紫药品溶液中的圆滤纸片各一张，置于同一含菌平板上。

（5）培养。片刻后，将平板倒置于 37℃温箱中，培养 24h。

（6）观察结果。观察抑菌圈，并记录抑菌圈的直径。

6. 化学因素——不同 pH 值对微生物生长的影响

（1）配制培养基。配制牛肉膏蛋白胨液体培养基（标记 A），配制豆芽汁液体培养基（标记 B），分别调 pH 值至 3、5、7、9 和 11，每 pH 值培养基 3 管，每管盛培养液 5mL，灭菌备用。

（2）配制菌悬液。取培养 18～20h 的大肠杆菌、酿酒酵母菌斜面各一支，加入无菌水 4mL，制成菌悬液。

（3）接种与培养。A 培养基中接种大肠杆菌液 1 滴（或 0.1mL）、摇匀，置 37℃温箱中培养 24h；B 培养基接种 1 滴（或 0.1mL），摇匀，置 28℃温箱中培养 24h。

（4）观察结果。根据菌液的混浊程度判定微生物在不同 pH 下生长情况。

五、作业与思考题

1. 绘图说明紫外线的杀菌作用及原理。

2. 列表比较化学药剂对 3 种细菌的杀（抑）菌作用。

3. 上述多个实验中，为什么选用大肠杆菌、金黄色葡萄球菌和枯草芽孢杆菌作为实验菌？

4. 大肠杆菌、枯草芽孢杆菌和酿酒酵母菌的最适生长温度是多少？

5. 通过实验说明芽孢的存在对消毒灭菌有什么影响？

6. 在紫外线实验中为什么要进行暗培养？

实验二十九　Biolog 分析废水微生物代谢特性

一、实验目的

1. 掌握 Biolog 法的实验原理和 ECO 板分析微生物群落功能多样性的基本操作过程；
2. 了解废水中微生物群落的功能多样性。

二、实验原理

微生物是生态系统的重要组成部分，其结构和功能会随着环境条件的改变而改变，并通过群落代谢功能的变化对生态系统产生一定的影响，因此微生物功能多样性信息对于了解生态系统中微生物群落的作用及其生态系统的功能具有重要意义。Biolog 法是目前已知的研究微生物代谢功能多样性的重要方法，其应用已经涉及土壤、水、污泥等各种不同的环境，目前研究最为广泛、深入的是土壤环境微生物群落的功能多样性。虽然 Biolog 法也是基于培养的分析方法，但不可培养的细胞对底物供应也有响应，因此 Biolog 方法不仅能够得到代谢功能多样性信息，而且能够得到微生物群落总体活性的相关信息，这是基于生物标志物和分子生物学的方法不可比拟的。

Biolog 法由美国 BIOLOG 公司于 1989 年开发成功，于 1991 年开始应用于土壤微生物群落功能多样性研究。Biolog 法是通过微生物对微平板上不同单一碳源的利用能力来反映微生物群落的功能多样性。微生物群落功能多样性分析中所用到的微平板主要有革兰氏阴性板（GN）、生态板（ECO）、丝状菌板（FF）、酵母菌板（YT）、SF-N_2、SF-P_2 和可针对具体研究情况自配底物的 MT 板等。其中，GN、ECO、MT 板的原理是，当微生物接种到含有不同单一碳源的微平板上时，在利用碳源过程中产生自由电子，与微平板上的噻唑蓝（MTT）染料发生还原反应而显蓝紫色，颜色的深浅可以反映微生物对碳源的利用程度，从而比较分析不同的微生物群落。由于许多真菌代谢不能使噻唑蓝染料还原而显色，所以 GN、ECO 和 MT 板不能反映真菌的变化。FF 板含有碘硝基四氮唑紫（INT）染料，作为电子受体，丝状真菌利用相应的碳源进行代谢，会发生下列一种或两种变化：一是线粒体呼吸增强，使得该孔呈现红紫色；二是真菌生长速度较快，使该孔浊度增加，因此可利用微平板孔中的颜色和浊度变化来评价真菌的活动。YT 板 A-C 行含有噻唑蓝染料，D-H 行无染料。因此，可通过颜色反应和浊度变化分别表示代谢作用和同化作用。SF-N_2 和 SF-P_2 微孔板不含有染料，通过孔中浊度变化来评价革兰氏阴性或阳性产芽孢或分生孢子微生物的活动。

目前，在微生物群落功能多样性研究中应用较多的是 ECO 板，Biolog ECO 微平板上有96 个微孔，其中包含 31 种碳源和水空白，每种底物有 3 个重复。碳源主要分为 6 类：氨基酸类、羧酸类、胺类、糖类、聚合物类和其他。也有根据研究目的的不同，将 31 种碳源分为四大类，即糖类及其衍生物、氨基酸类及其衍生物、脂肪酸及脂类、代谢中间产物及次生代谢物。本实验采用 Biolog ECO 微平板法分析不同环境废水中微生物群落的代谢功能多样性。

三、实验材料

1. 材料

采集的家庭、工厂等不同环境中的废水样品。

2. 溶液或试剂

吐温 - 80（Tween-80）工作液：将一定量的吐温 - 80 溶于蒸馏水中，制备成 0.05％的工作液，高压灭菌后备用。

生理盐水：0.85%～0.90%的 NaCl 溶液。

3. 仪器或其他用具

Biolog 自动读数仪、恒温培养箱、振荡器、ECO 微平板、无菌取样铲、无菌样品瓶、天平、无菌锥形瓶、移液器、无菌试管等。

四、实验步骤

1. 样品采集

根据实验目的，按照相关方法采集污水处理厂的废水样品。

2. 菌悬液的制备

取一定量的废水样品（约 30mL）加入适量的无菌生理盐水（100～200mL），再加入 1% 的吐温 - 80（Tween-80）工作液，充分振荡 15min，使水样均匀分散，静置 1min，使较大颗粒自然沉降，上层悬浊液即为菌悬液，并进行 10 倍系列梯度稀释。

3. ECO 微平板的接种

将 ECO 微平板从冰箱中取出，预热到 28℃，根据预实验选取适宜稀释度的稀释液接种到 ECO 板中，每孔接种 150μL。

4. ECO 微平板培养和检测

将接种的 ECO 微平板在 28℃（通常细菌培养在 26～37℃，根据具体情况而定）下培养一周，分别于接种的 0 时刻和每隔一定时间（通常为 24h），用 Biolog 自动读数仪在 590nm 下读取每个反应孔的吸光值来表征颜色变化，通常需要连续读取 7～10d 内的吸光度值。

另外，为排除真菌生长造成的浊度变化对吸光值产生的影响，可以以 590nm 和 750nm（浊度值）下吸光值的差值来表征颜色变化。

5. 数据分析

对于小组的单个样品来说，绘制平均颜色变化率（AWCD）随时间的变化曲线，并可进行多样性指数计算。对于小组间一系列相关样品，可以应用统计分析软件（如 SPSS 等）进行主成分分析、聚类分析、多样性指数比较等，从而了解微生物群落代谢功能多样性的差异或变化。

（1）平均颜色变化率（AWCD）。废水微生物对碳源的利用情况用平均颜色变化率（Average Well Color Development，AWCD）表示。AWCD 是反映废水微生物活性，即利用单一碳源能力的一个重要指标。绘制样品的 AWCD 值随时间的变化曲线，可以用来表示样品中微生物的平均活性变化，体现微生物群落反应速度和最终达到的程度。

某一时刻 AWCD 值的计算公式为

$$AWCD = \frac{\sum_{i=1}^{31} C_i - C_0}{31}$$

式中 C_i——单一碳源反应孔在 590nm 下的吸光值；

C_0——ECO 微平板对照孔的吸光值；

若 $C_i - C_0$ 小于 0 的孔，计算中按 0 处理，即 $C_i - C_0 \geq 0$。

（2）多样性指数。Biolog 研究中常见的多样性指数较多，各种多样性指数能够从不同侧面反映微生物群落代谢功能的多样性，评价废水生态功能的健康及稳定程度。本实验以如下两个多样性指数分析不同环境的生态稳定性。

1）多样性 Shannon 指数（H'）。多样性 Shannon 指数（H'）表示微生物群落的丰富度和均匀度。微生物种类数目越多，多样性也就越高；微生物种类分布的均匀性增加，多样性也会提高。计算公式为

$$H' = -\sum P_i \times \ln P_i$$

式中，$P_i = (C_i - C_0) / \sum (C_i - C_0)$ 表示含有单一碳源的孔与对照孔吸光值之差与整个微平板总差的比值。

2）优势度 Simpson 指数（D）。优势度指数用来估算微生物群落中各微生物种类的优势度，反映了不同种类微生物数量的变化情况。优势度指数越大，表明微生物群落内不同种类微生物数量分布越不均匀，优势微生物的生态功能越突出。计算公式为

$$D = 1 - \sum (P_i)^2$$

（3）主成分分析。对相关样品所得的一系列数据利用统计分析软件，如 SPSS 等，进行主成分分析，在同一图中用点的位置直观地反映出不同微生物群落的代谢特征，由此可分析微生物群落结构产生分异的主要环境因素。

为了减少初始接种密度对微生物群落多样性产生的影响，便于进行不同样本间的比较，在进行主成分分析前需先对 Biolog 数据进行标准化。数据标准化的方法为：用每一个底物某一时刻的吸光度值与对照孔的差值除以该时刻板的 AWCD 值，即为光密度标准化值（R_i），以 R_i 值对所有相关数据进行标准化转换，公式为

$$R_i = (C_i - C_0) / \mathrm{AWCD}_i$$

式中　C_i——单一碳源反应孔在 590nm 下的吸光值；

　　　C_i——ECO 微平板对照孔的吸光值。

若 $C_i - C_0$ 小于 0 的孔，计算中按 0 处理，即 $C_i - C_0 \geqslant 0$。

另外，通常选取 72h 的测定数据进行 ECO 板的主要成分分析，因为 72h 后的微生物生长主要表现为真菌的增长。

（4）聚类分析。对于相关样品所得的一系列数据利用统计分析软件，如 SPSS 等，进行聚类分析，进一步了解不同环境中微生物群落功能结构的相似性。

五、作业与思考题

1. 根据 590nm 下测定的吸光值，计算并绘制样品的 AWCD 值随时间变化的曲线。

2. 计算样品的多样性 Shannon 指数（H'）和优势度 Simpson 指数（D）。

3. 通过比较小组间样品的多样性 Shannon 指数的差异，分析不同环境微生物生态功能的健康及稳定性。

4. 通过比较小组间样品的微生物代谢功能多样性信息，分析不同环境样品中微生物群落的生态功能及造成微生物功能多样性差异的主要原因。

实验三十　活性污泥脱氢酶活性的测定

一、实验目的

1. 了解测定活性污泥中脱氢酶活性的基本原理及其应用；
2. 掌握活性污泥中脱氢酶活性测定的基本操作方法。

二、实验原理

有机物在生物处理构筑物中的分解，是在酶的参与下实现的，在这些酶中脱氢酶占有重要的地位，因为有机物在生物体内的氧化往往是通过脱氢来进行的。活性污泥中脱氢酶的活性与水中营养物浓度成正比，在处理污水过程中，活性污泥脱氢酶活性的降低，直接说明了污水中可利用物质营养浓度的降低。此外，由于酶是一类蛋白质，对毒物的作用非常敏感，当污水中有毒物存在时，会使酶失活，造成污泥活性下降。在生产实践中，我们常常在设置对照组，消除营养物浓度变化影响因素的条件下，通过测定活性污泥在不同工业废水中脱氢酶活性的变化情况来评价工业废水成分的毒性，评价对不同工业废水的生物可降解性。

脱氢酶是一类氧化还原酶，它的作用是催化氢从被氧化的物体（基质 AH）中转移到另一个物体（受氢体 B）上：

$$AH + B \rightleftharpoons A + BH$$

为了定量地测定脱氢酶的活性，常通过指示剂的还原变色速度来确定脱氢过程的强度。常用的指示剂有 2，3，5-三苯基四氮唑氯化物（TTC）或亚甲蓝，它们在从氧化状态接受脱氢酶活化的氢而被还原时具有稳定的颜色，我们即可通过比色的方法，测量反应后颜色深度，来推测脱氢酶的活性。例如：

TTC（无色）　　　　　　　　　　　　　　　　TF（红色）

三、实验材料

1. 材料

采集的活性污泥。

2. 溶液或试剂

(1) Tris-HCl 缓冲液（0.05mmol/L）：称取三羟甲基氨基甲烷 6.037g，加 1.0mmol/L HCl 20mL，溶于 1L 蒸馏水中，pH 为 8.4。

(2) 氯化三苯基四氮唑（TTC）（0.2%～0.4%）：称取 0.2 或 0.4g TTC 溶于 100mL 蒸馏水中，即成 0.2%～0.4%的 TTC 溶液。

(3) 亚硫酸钠（0.36%）：称 0.365 7g 亚硫酸钠溶于 100mL 蒸馏水中。

(4) 丙酮（或正丁醇及甲醇）（分析纯）。

(5) 连二亚硫酸钠、浓硫酸。

(6) 生理盐水（0.85%）：称取 0.85g NaCl，溶于 100mL 蒸馏水中。

3．仪器或其他用具

分光光度计、超级恒温器、离心机、15mL 离心管、移液管、黑布罩等。

四、实验步骤

1．标准曲线的制备

（1）配制 1mg/mL TTC 溶液：称取 50.0mgTTC，置于 50mL 容量瓶中，以蒸馏水定容至刻度。

（2）配制不同浓度 TTC 液：从 1mg/mL TTC 液中分别吸取 1、2、3、4、5、6、7mL 放入每个容积为 50mL 的一组容量瓶中，以蒸馏水定容至 50mL，各瓶中 TTC 浓度分别为 20、40、60、80、100、120、140μg/mL。

（3）每只带塞离心管内加入 Tris-HCl 缓冲液 2mL＋2mL 蒸馏水＋1mLTTC 液（从低到高浓度依次加入）；对照管加入 2mLTris-HCl 缓冲液＋3mL 蒸馏水，不加入 TTC，所得每只离心管 TTC 含量分别为 20、40、60、80、100、120、140μg。

1）每管各加入连二亚硫酸钠 10g，混合，使 TTC 全部还原，生成红色的 TF。

2）在各管加入 5mL 丙酮（或正丁醇和甲醇），抽提 TF。

3）在分光光度计上，于 485nm 波长下测光密度。

4）测绘标准曲线。

2．活性污泥脱氢酶活性的测定

活性污泥悬浮液的制备：

（1）取活性污泥混合液 50mL，离心后弃去上清液，再用 0.85％生理盐水（或磷酸盐缓冲液）补足，充分搅拌洗涤后，再次离心弃去上清液；如此反复洗涤 3 次后再以生理盐水稀释至原来体积备用。以上步骤有条件时可在低温（4℃）下进行，生理盐水亦预先冷至 4℃。

（2）在 3 组（每组 3 支）带有塞的离心管内分别加入以下材料与试剂（见表 30 - 1）。

（3）样品试管摇匀后置于黑布袋内，立即放入 37℃恒温水浴锅内，并轻轻摇动，记下时间。反应时间依显色情况而定（一般采用 10min）。

（4）对照组试管，在加完试剂后立即加入一滴浓硫酸；另两组试管在反应结束后各加一滴浓硫酸终止反应。

（5）在对照管与样品管中各加入丙酮（或正丁醇和甲醇）5ml，充分摇匀，放入 90℃恒温水浴锅中抽提 6～10min。

（6）在 4000r/min 下离心 10min。

（7）取上清液在 485nm 波长下比色，光密度 OD 读数应在 0.8 以下，如色度过浓应以丙酮稀释后再比色。

（8）标准曲线上查 TF 的产生值，并算得脱氢酶的活性。

表 30 - 1　　　　　　　　　　脱氢酶活性测定中各组试剂加量表

组别	活性污泥悬浮液（mL）	Tris-HCl 缓冲液（mL）	Na$_2$SO$_3$ 液（mL）	基质（或污水）（mL）	TTC 液（mL）	蒸馏水（mL）
①	2	1.5	0.5	0.5	0.5	—
②	2	1.5	0.5	—	0.5	0.5
③	2	1.5	0.5	—	—	1.0

五、实验结果

1. 标准曲线的制备

（1）将标准曲线测定时的数值填入表 30 - 2 中。

表 30 - 2　　　　　　　　　　　　　　　**标准曲线 OD 实测值**

TTC（μg）	OD 值			
	1	2	3	4
20				
40				
60				
80				
100				
120				
140				

（2）根据上表数据以 TTC 为横坐标、OD 值为纵坐标绘制标准曲线。

2. 活性污泥脱氢酶活性的测定

（1）将样品组的 OD 值（平均值）减去对照组 OD 值后，在标准曲线上查 TF 的产生值。

（2）算得样品组（加基质与不加基质）的脱氢酶活性 X（以产生微克/毫升活性污泥·小时表示）：

$$X(\text{TF}\mu g/L \text{ 活性污泥·小时}) = A \times B \times C$$

式中　X——脱氢酶活性；

　　　A——标准曲线上读数；

　　　B——反应时间校正 = 60min/实际反应时间；

　　　C——比色时稀释倍数。

六、作业与思考题

1. 在测定活性污泥中脱氢酶活性时，应注意哪些步骤？

2. 哪些环境条件会影响测定的准确性，如何减少测定的误差？

第四章　污染物微生物处理与资源化

实验三十一　活性污泥的培养及曝气生物滤池对污水的生物处理

Ⅰ　活性污泥的培养

一、实验目的

1. 通过培养活性污泥，加深对活性污泥法作用机理及主要技术参数，如活性污泥浓度、有机物去除率、污泥增长规律等的理解；

2. 学会培养活性污泥和测定污泥沉降比（％）的方法，掌握培养活性污泥的基本方法，为以后工作环境中调试污水处理工程奠定必要的知识和技能基础；

3. 能对活性污泥培养过程中出现的异常现象进行初步分析；

4. 了解有机负荷对活性污泥增长率的影响。

二、实验原理

废水的生化处理法就是利用自然界广泛存在的、以有机物为营养物质的微生物来降解或分解废水中溶解状态和胶体状态的有机物，并将其转化为 CO_2 和 H_2O 等稳定无机物的方法，通常又称为生物处理法。从 1916 年开始到现在，废水生物处理技术经历了从简单到复杂、从单一功能到多种功能、从低效率到较高效率的纵向发展阶段；从英国到世界各地，废水生物处理技术经历了由点到面、由生活污水处理到各种工业废水处理的横向发展阶段。

活性污泥法开创于 1914 年的英国，即习惯所称的普通活性污泥法或传统活性污泥法，其工艺流程如图 31 - 1 所示，由初次沉淀池、曝气池、二次沉淀池、曝气设备及污泥回流设备等组成，主要构筑物是曝气池和二次沉淀池。

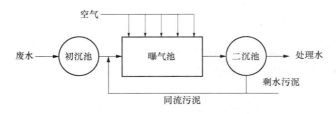

图 31 - 1　普通活性污泥法的基本流程

在活性污泥法中起主要作用的是活性污泥，由具有活性的微生物、微生物自身氧化的残留物、吸附在活性污泥上不能被微生物所降解的有机物和无机物组成。活性污泥微生物从污水中连续去除有机物的过程包括以下几个阶段：①初期去除与吸附作用；②微生物的代谢作用；③絮凝体的形成与凝聚沉淀。

BOD 污泥负荷率、水温、pH 值、溶解氧（DO）、营养物质及其平衡、有毒物质等环境因素都会影响活性污泥法的处理效果，而活性污泥法处理设备的任务就是要创造有利于微生物生理活动的环境条件，充分发挥活性污泥微生物的代谢功能。

三、实验材料

1. 材料

采集：生化污水等废水或淘米水。

2. 溶液或试剂

储存液：葡萄糖液溶液 2L   93.8g/L（相当于 COD 100g/L）

溶液 A 2L

K_2HPO_4	320g/L
KH_2PO_4	160g/L
NH_4Cl	120g/L

溶液 B 2L

$MgSO_4 \cdot 7H_2O$	15.0g/L
$FeSO_4 \cdot 7H_2O$	0.5g/L
$ZnSO_4 \cdot 7H_2O$	0.5g/L
$CaCl_2$	2.0g/L
$MnSO_4 \cdot 3H_2O$	0.5g/L

若自配合成废水，参考配方如下：

合成废水：COD 1000mg/L

葡萄糖液	10mL/L	混合液
溶液 A	10mL/L	混合液
溶液 B	10mL/L	混合液

按上述量加入后，可加自来水使容积达到要求值。

3. 仪器或其他用具

容积为 2.5～3.0L 的活性污泥法实验模型，采用有机玻璃制造，外形为方形或圆形，带空气扩散装置或表面曝气装置。

压缩空气供给系统、悬浮固体测定装置及设备、COD 测定装置及设备、量筒、定时钟、烘箱、冰箱等。

四、实验步骤

1. 从已有的活性污泥法处理构筑物中取活性污泥 300mL 加入 4 套实验模型中作为菌种，然后加入待试验的合成废水或某种真实的废水，进行活性污泥的培养和驯化。

2. 培养和驯化活性污泥的方法是，每天向装置内曝气 23h，然后加自来水补充曝气过程中的蒸发损失，并按一定比例排出部分混合液一定体积（100～600mL）测定其沉降比 $SV/\%$，再关闭空气管混合沉淀 30min，小心地用虹吸管排出上清液后，再向装置投加新鲜废水。

3. 上述步骤应重复 9d 以上，本组每个同学至少独立操作一次，此时装置运行情况一般会达到稳定状态。

五、实验记录

在表 31-1 中记录实验相关数据。

表 31 - 1　　　　　　　　　　　　　　**活性污泥培养记录表**

培养时间（d）	1	2	3	4	5	6	7	8	9	10
同学姓名										
排泥量（mL）										
上清液排放量（mL）										
污泥沉降比（SV/%）										

六、作业与思考题

1. 绘制随时间而变化的 $SV/\%$ 曲线并进行分析。

2. 结合实验数据讨论不同混合液排放量对活性污泥培养过程的影响。

3. 在工程实践中，如何培养活性污泥？

4. 在活性污泥法运行管理中，一般需控制那些参数？如何实现对这些参数的调控以达到该工艺的良好运行？

Ⅱ　曝气生物滤池对污水的生物处理

一、实验目的

1. 了解并掌握曝气生物滤池（BAF）的基本原理、基本工艺过程；

2. 了解 BAF 反应器处理有机废水时不同颗粒填料、不同水力停留时间以及不同气水比对有机物处理效果的影响。

二、实验原理

曝气生物滤池是一种附着生长系统。滤池内部装填高孔隙率、高比表面积、高硬度、抗磨损的粒状滤料，滤料表面生长有生物膜，池底提供曝气，污水流过滤床时，污染物首先被过滤和吸附，进而被滤料表面的微生物氧化分解。曝气生物滤池有上向流和下向流两种主要的反应类型，下向流系统的进水从池的顶部进入，与空气的运行方向相反，有利于提高充氧效率；上向流系统的进水从池的底部进入，顶部被清水覆盖，可以避免由于曝气所产生的气味。填料有比水重的粒状填料、比水轻的粒状填料和结构性填料 3 种，粒状填料粒径为 2～8mm，要求具有高比表面积、高孔隙率、低密度、高硬度、抗磨损和化学惰性。曝气生物滤池运行过程中，滤层中会产生污泥的积累，需要定期利用处理水反冲洗，反冲洗通常在进水流量较低时运行，一般为汽水同时反冲洗。为减少反冲洗次数，必须设置初沉池等预处理工艺。

曝气生物滤池技术具有如下特点：

（1）出水水质好，可用于三级处理。使处理出水 BOD_5、SS、$NH_3\text{-}N$ 分别达到 10mg/L、10mg/L、1mg/L；

（2）微生物不易流失，对有毒有害物质适应性强，运行可靠性高，抗冲击负荷能力强；

（3）容积负荷高，不需要二沉池和污泥回流系统，占地面积可减少到常规处理工艺的 1/5～1/10；

（4）需定期反冲洗，反冲水量较大，且运行方式复杂，但易于实现自控。

三、实验材料

1. 实验装置

本实验的实验装置如图 31 - 2 所示。

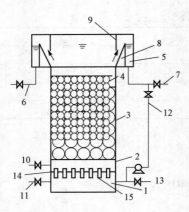

图 31-2　上向流曝气生物滤池（典型）构造图

1—缓冲配水区；2—承托层；3—滤料层；
4—出水区；5—出水槽；6—反冲洗排水管；
7—净化水排出管；8—斜板沉淀区；9—栅型稳流板；
10—曝气管；11—反冲洗供气管；12—反冲洗供水管；
13—滤池进水管；14—滤料支撑板；15—长柄滤头

2. 仪器

反应器 120cm×50cm。

3. 填料

陶粒。

四、实验步骤

1. 实验准备

检查反应器各接口处是否漏水，液体流量计是否好用，曝气设备是否正常，原水槽中水量是否足够。

2. 正常操作

(1) 打开液体流量控制阀门，接通水泵电源，调节流量计的流量使进水流量在实验指定范围内。

(2) 接上鼓风机的电源，向反应器内曝气。

(3) 仔细观察设备运行情况，出现异常及时处理。

3. 关闭

断开鼓风机电源，关闭水泵电源和液体流量计阀门。

4. 采样方法

原水及出水采样从采样口直接接取即可。

5. 测试项目

测试反应器进出水 COD、TP、NH_3-N 浓度。

五、实验记录

1. 计算公式

(1) 过滤速率：$V = \dfrac{Q}{A}$

(2) 曝气速率：$V_气 \dfrac{Q_气}{A}$

(3) 容积负荷：$N_V = \dfrac{QC_{进水}}{V_{滤层}}$

(4) 有机污染物去除率：$\eta = \dfrac{C_{进水} - C_{出水}}{C_{出水}} \times 100\%$

式中　　Q——进水流量，m^3/h；

$Q_气$——曝气量，m^3/h；

A——滤池表面积，m^2；

V——过滤速率，$m^3/(m^2 \cdot h)$；

$V_气$——曝气速率，$m^3/(m^2 \cdot h)$；

$V_{滤层}$——滤层体积，m^3；

$C_{进水}$、$C_{出水}$——进水、出水 COD 浓度，mg/L；

N_v——容积负荷，kg（COD）/（$m^3 \cdot d$）；

η——去除率，%。

2. 实验数据记录（见表 31-2）。

表 31-2 反应器测试项目记录表

测定次数	1	2	3	4	5
反应器过滤面积（m^2）					
滤层高度（m）					
进水流量（m^3/h）					
曝气量（m^3/h）					
进水 COD（mg/L）					
出水 COD（mg/L）					
过滤速率［$m^3/$（$m^2 \cdot h$）］					
曝气速率［$m^3/$（$m^2 \cdot h$）］					
容积负荷［kg（COD）/（$m^3 \cdot d$）］					
COD 去除率（%）					
进水 TP（mg/L）					
出水 TP（mg/L）					
TP 去除率（%）					
进水 NH_3-N（mg/L）					
出水 NH_3-N（mg/L）					
NH_3-N 去除率（%）					

六、作业与思考题

1. 通过实验数据的采集与处理，绘图描述该处理过程及效率。

2. 各参数之间的有怎样的制约关系，及其对处理效率有怎样的影响？

实验三十二　废水厌氧消化

一、实验目的

1. 通过实验加深对厌氧消化原理的理解；
2. 掌握厌氧处理废水的实验的方法和数据分析处理；
3. 掌握 pH、COD、NH_3-N、VFA 的测定方法。

二、实验原理

在厌氧处理过程中，废水中的有机物经大量微生物的共同作用，被最终转化为甲烷、二氧化碳、水、硫化氢和氨等。在此过程中，不同微生物的代谢过程相互影响，相互制约，形成了复杂的生态系统。高分子有机物的厌氧降解过程可以被分为 4 个阶段：水解阶段、发酵（或酸化）阶段、产乙酸阶段和产甲烷阶段。

1. 水解阶段

水解可定义为复杂的非溶解性的聚合物被转化为简单的溶解性单体或二聚体的过程。

高分子有机物因相对分子量巨大，不能透过细胞膜，因此不可能为细菌直接利用。它们在第一阶段被细菌胞外酶分解为小分子。这些小分子的水解产物能够溶解于水并透过细胞膜为细菌所利用，水解过程通常较缓慢。

2. 发酵（或酸化）阶段

发酵可定义为有机物化合物既作为电子受体也是电子供体的生物降解过程，在此过程中溶解性有机物被转化为以挥发性脂肪酸为主的末端产物，因此这一过程也称为酸化。

在这一阶段，上述小分子的化合物发酵细菌（即酸化菌）的细胞内转化为更为简单的化合物并分泌到细胞外。发酵细菌绝大多数是严格厌氧菌，但通常有约 1‰ 的兼性厌氧菌存在于厌氧环境中，这些兼性厌氧菌能够起到保护像甲烷菌这样的严格厌氧菌免受氧的损害与抑制。这一阶段的主要产物有挥发性脂肪酸、醇类、乳酸、二氧化碳、氢气、氨、硫化氢等，产物的组成取决于厌氧降解的条件、底物种类和参与酸化的微生物种群。与此同时，酸化菌也利用部分物质合成新的细胞物质，因此未酸化废水厌氧处理时产生更多的剩余污泥。

在厌氧降解过程中，酸化细菌对酸的耐受力必须加以考虑。酸化过程 pH 值下降到 4 时可以进行。但是产甲烷过程 pH 值的范围在 6.5～7.5 之间，因此 pH 值的下降将会减少甲烷的生成和氢的消耗，并进一步引起酸化末端产物组成的改变。

3. 产乙酸阶段

在产氢产乙酸菌的作用下，上一阶段的产物被进一步转化为乙酸、氢气、碳酸以及新的细胞物质。

4. 产甲烷阶段

这一阶段，乙酸、氢气、碳酸、甲酸和甲醇被转化为甲烷、二氧化碳和新的细胞物质。

甲烷细菌将乙酸、乙酸盐、二氧化碳和氢气等转化为甲烷的过程有两种生理上不同的产甲烷菌完成，一组把氢和二氧化碳转化成甲烷，另一组从乙酸或乙酸盐脱羧产生甲烷，前者约占总量的 1/3，后者约占 2/3。

三、实验材料

1. 材料

采集：污水处理厂污水。

接种污泥：为实验室的原有的驯化的厌氧污泥。

2. 溶液或试剂

饱和 NaOH 溶液：取约 5mL 蒸馏水，加入 NaOH 固体，边加边搅拌，使 NaOH 溶于水中放出的热量尽快散失，直到溶液表面有晶体析出，即溶液达到饱和。待溶液冷却至室温，即可使用。

0.02mol/L NaOH 溶液：量取 1mL NaOH 饱和溶液至 1000mL 容量瓶中，定容。

1mol/L H_2SO_4 溶液：取 60mL 浓硫酸，缓慢加入至 1000mL 蒸馏水中，冷却，摇匀。

1％酚酞溶液：取 1.00g 酚酞，溶于 60mL 95％乙醇中，用蒸馏水稀释至 100mL，转移至试剂瓶中备用。

掩蔽剂：称取 30.0g 硫酸汞（分析纯）溶于 100mL 的 10％硫酸中。

50％硫酸：取 50mL 蒸馏水，缓慢加入 10mL 浓硫酸，冷却后定容至 100mL。

催化剂：称取 8.8g 分析纯硫酸银溶于 1L 浓硫酸中。

消化液Ⅰ：称取 19.6g 重铬酸钾、50.0g 硫酸铝钾、10.0g 钼酸铵溶解于 500mL 水中，加入 200mL 浓硫酸，冷却后，转移至 1000mL 容量瓶中，用蒸馏水定容。（该溶液浓度 $C_{[1/6 K_2Cr_2O_7]}=0.4mol/L$，用于测 COD 浓度在 1000～2500mg/L 的水样，滴定时用的硫酸亚铁浓度为 0.05mol/L。）

消化液Ⅱ：称取 5.0g 重铬酸钾、50.0g 硫酸铝钾、10.0g 钼酸铵溶解于 500mL 水中，加入 200mL 浓硫酸，冷却后，转移至 1000mL 容量瓶中，用蒸馏水定容。（该溶液浓度 $C_{[1/6 K_2Cr_2O_7]}=0.1mol/L$，用于测 COD 浓度在 500～1000mg/L 的水样，滴定时用的硫酸亚铁浓度为 0.02mol/L。）

消化液Ⅲ：称取 2.45g 重铬酸钾、50.0g 硫酸铝钾、10.0g 钼酸铵溶解于 500mL 水中，加入 200mL 浓硫酸，冷却后，转移至 1000mL 容量瓶中，用蒸馏水定容。（该溶液浓度 $C_{[1/6 K_2Cr_2O_7]}=0.05mol/L$，用于测 COD 浓度在 50mg/L 以下的水样，滴定时用的硫酸亚铁浓度为 0.01mol/L。）

重铬酸钾标准溶液：（$C_{[1/6 K_2Cr_2O_7]}=1mol/L$）称取经过 130℃烘 3～4h 的重铬酸钾（分析纯）49.031g，溶于 400ml 水中，必要时可加热溶解，冷却后，稀释定容至 1L，摇匀备用。

重铬酸钾标准溶液：（$C_{[1/6 K_2Cr_2O_7]}=0.1mol/L$）取 $C_{[1/6 K_2Cr_2O_7]}=1mol/L$ 标准溶液 10mL，用蒸馏水稀释定容至 100mL，摇匀备用。

硫酸亚铁标准溶液：（$C_{[FeSO_4]}=0.2mol/L$）称取 $FeSO_4 \cdot 7H_2O$（分析纯）55.6g，加水和 5mL 浓硫酸溶解，稀释定容至 1L，摇匀备用。

硫酸亚铁标准溶液：（$C_{[FeSO_4]}=0.02mol/L$）量取 $C[FeSO_4]=0.2mol/L$ 的硫酸亚铁标准溶液 100mL，定容至 1L，摇匀备用。

试亚铁灵指示剂（邻菲罗啉指示剂）：称取 1.485g 邻菲罗啉（$C_{12}H_8N_2 \cdot H_2O$）和 0.695g 硫酸亚铁（$FeSO_4 \cdot 7H_2O$）溶于水中，稀释至 100mL，储于棕色瓶中。

H_2BO_3 指示剂（20g/L）：20g H_2BO_3（化学纯）溶于 1L 水中，每升 H_2BO_3 溶液中加入

甲基红—溴甲酚绿混合指示剂 20mL，并用稀酸或稀碱调节至微紫红色，此时该溶液的 pH 值为 4.5。

硫酸标准溶液 $[C_{(1/2H_2SO_4)} = 0.02mol/L]$：先配制 $[C_{(1/2H_2SO_4)} = 0.05]$ 硫酸溶液，即量取 H_2SO_4（化学纯，无氨，$\rho = 1.84g/mL$）3mL，加水稀释至 1000mL，冷却，摇匀，然后用硼砂标定。标定后稀释 2.5 倍。

3. 仪器或其他用具

pH 计、COD 测定仪、蒸氮装置，分光光度计、蒸氮装置、消解炉、5mL 半微量滴定管、5L 细口瓶（配胶塞）、2.5L 广口瓶（配胶塞）、1L 广口瓶（配胶塞）、容量瓶、250mL 锥形瓶、5mL 移液管、锥形瓶（350mL）、离心管、比色管、烧杯、止水夹、6×9 玻璃弯管、橡皮管等。

4. 实验装置

自制反应器加收集气体装置如下（见图 32 - 1）：

图 32 - 1　自制反应器和收集气体装置

按照图片所示，将仪器依次连接组装即可。

四、实验步骤

（1）从污水处理厂采集实验污水。实验所需接种污泥为实验室的原有的驯化的厌氧污泥，产甲烷量用排 NaOH 溶液集气法测定。

（2）按照装置图连接好装置，污泥混合 2L，接种污泥 1.5L，于 5L 的反应瓶中，混匀，测定样品的初始 pH、COD、氨氮。连接并通氮气（约 3min）后密封装置，在中温下（37℃）进行实验。pH 值测定采用 pH 计测定，COD、氨氮的测定方法具体如下。

（3）每天读取产气量和测定 pH 值（若不在 6.8～7.2 范围内需用碳酸氢钾缓冲液进行调整）。待实验基本不产气时实验结束。

注意：产甲烷反应是厌氧消化过程的控制阶段，因此一般来说，在讨论厌氧生物处理的影响因素时主要讨论影响产甲烷菌的各项因素；主要影响因素有温度、pH 值、氧化还原电位、营养物质、F/M 比、有毒物质等。

1）pH 值是厌氧消化过程中的最重要的影响因素；重要原因：产甲烷菌对 pH 值的变化非常敏感，一般认为，其最适 pH 值范围为 6.8～7.2，在小于 6.5 或大于 8.2 时，产甲烷菌会受到严重抑制，而进一步导致整个厌氧消化过程的恶化。

2）实验装置必须严格密封，每次取样完后需通氮气（约 2～3min），保证反应在厌氧环境下进行。

3）每天在记录产气量时应检查中间氢氧化钠溶液体积是否保证在容器体积的 2/3 以上，这样能使日产气量的记录更加准确。

1. VFA 的测定（蒸馏滴定法）

（1）取 2mL 滤液（5000r/min 条件下离心 10min，过滤）于 25mL 容量瓶中定容。

（2）取 5mL 加入到蒸氮装置，同时加入 5mL 催化剂（1mol/L H_2SO_4 溶液），蒸出 100mL 溶液。

（3）向蒸出液中加入 3 滴酚酞，用 0.02mol/L 的 NaOH 标准溶液滴定，溶液颜色由无色突变成粉红色为终点，记录 NaOH 溶液消耗量（V）。

$$VFA（mg/L，以乙酸计）=C \times V \times 1000 \times 60.5 \times 12.5/V_0$$

式中　V——滴定样品消耗的 NaOH 标准溶液的体积，mL；

　　　C——NaOH 标液的浓度，mol/L；

　　　V_0——试样的体积（mL），本实验 $V_0=5$mL；

　　12.5——待测液的稀释倍数；

　　60.5——乙酸的分子量。

2. COD 的测定（快速密闭催化消解法）

（1）取 1mL 滤液（5000r/min 条件下离心 10min，过滤）于 50mL 容量瓶中定容（稀释倍数由滤液 SCOD 的浓度而定，通常是稀释至 1000～2500mg/L，选择消化液 Ⅱ），从中量取 3mL 于消化管（注意干燥）中，每个样品做 3 个重复；同时以同量的蒸馏水代替样品，做空白实验。

（2）依次加入 1mL 掩蔽剂、3mL 消化液、5mL 催化剂（每加入一种试剂后都要摇匀），旋紧密封塞，混匀。

（3）放入已预热到 165℃ 的消解炉中，消解 22min，冷却。

（4）将样液移至 150mL 锥形瓶中，用蒸馏水冲洗消化管（至少洗 3 次，共约 30mL），冲洗液移入锥形瓶中。

（5）加 3 滴邻菲罗啉指示剂，用硫酸亚铁标准溶液滴定，溶液颜色由黄到蓝突变成红褐色为终点，记录硫酸亚铁标准溶液用量（样品的记为 V_1，空白对照的记为 V_0）。

（6）硫酸亚铁标准溶液的标定：取 2mL 的 0.1mol/L 重铬酸钾标液，加入 50mL 蒸馏水，加入 5mL 浓硫酸，冷却后，加入 3 滴邻菲罗啉指示剂，用硫酸亚铁滴定，溶液颜色由黄到蓝绿突变成红褐色为终点，记录硫酸亚铁溶液用量（记为 V'）。

$$COD（mg/L）=(V_0-V_1) \times C \times 8 \times 1000 \times 50/V_2$$

$$C_{(FeSO_4)}（mg/L）=2 \times 0.1/V'$$

式中　V_1——滴定样品消耗的硫酸亚铁标准溶液的体积，mL；

　　　V_0——滴定空白消耗的硫酸亚铁标准溶液的体积，mL；

　　　V_2——水样体积（mL），本实验中 $V_2=3$mL；

　　　C——硫酸亚铁标液的浓度，mol/L；

　　　50——水样的稀释倍数；

　　　8——氧（1/2 O）摩尔质量；

　　　V'——硫酸亚铁标准溶液的标定时，用去的硫酸亚铁溶液的体积，mL。

3. 氨氮测定

（1）吸取少量滤液于离心管中，经 10min，5000r/min 高速离心过滤，用定性滤纸过滤，取其上清液 1mL，用少量蒸馏水转入到 100mL 容量瓶内，定容。在 250mL 锥形瓶中，加入 20g/L H_2BO_3 指示剂混合液 5mL，放在冷凝管末端，管口置于硼酸液面以上 3～4cm 处。然后吸取 10.00mL 定容后的溶液缓缓加入到蒸馏室内，再向蒸馏室缓缓加入 10mol/L NaOH 溶液 10mL，通入蒸汽蒸馏，待蒸馏液体为中性时，即蒸馏完毕。（试纸检验，蒸出液约为 200mL）。

（2）硼砂标定硫酸标准溶液。称取约 0.300 0g 硼砂，加水约 30mL，加热使其溶解，用硫酸标准溶液标定。按下面公式计算出硫酸标准溶液的浓度：

$$C_{(1/2H_2SO_4)} = M/(0.190\,7 \times V)$$

式中　M——硼砂的质量，g；

　　　C——1/2 H_2SO_4，mol/L；

　　　V——消耗的 H_2SO_4 体积，mL。

（3）用硫酸标准溶液滴定馏出液由蓝绿色至刚变为红色。记录所用酸标准溶液的体积 V（mL）。同时进行空白试验，空白测定所用酸标准溶液的体积 V_0 一般不得超过 0.4mL。

$$氨氮含量（g/L）= (V - V_0) \times C_{(1/2H_2SO_4)} \times 14.0 \times D/V_1$$

式中　V——滴定试液时所用酸标准溶液的体积，mL；

　　　V_0——滴定空白时所用酸标准溶液的体积，mL；

　　　C——H_2SO_4 标准溶液的浓度；

　　14.0——氨原子的摩尔质量，g/mol；

　　　D——吸取的体积比例 100/10；

　　　V_1——滤液的量 1mL。

五、作业与思考题

将实验所得数据分析处理，描绘出日产甲烷量、pH、VFA、COD、氨氮的变化趋势线，并分析它们之间的关系。

实验三十三　石油高效降解菌株的分离鉴定及性质研究

一、实验目的

1. 了解石油污染问题的现状和危害；
2. 了解利用微生物法修复石油污染问题；
3. 学习掌握石油高效降解菌株的分离鉴定及性质研究的原理和方法。

二、实验原理

随着环境的日益恶化和人们环保意识的不断加强，石油污染问题严重性已经引起了人类的极大关注，环境中的石油污染危害表现在土壤中沉积对植物根系的损害，造成植物的死亡；石油的某些有害成分在粮食中形成累积，并进入食物链；同时污染地下水体，危急人类健康。可喜的是，随着对生物修复（bioremediation）研究的不断深入，为石油污染的治理提供的新的方法，作为传统的化学处理方法的延伸，直接利用土著微生物菌群可以处理石油污染物，但在许多条件下，由于土著微生物菌群受到的限制，因而向环境中提供营养物质激活降解微生物或筛选一些降解污染物的高效菌种，是生物修复的必然要求。据目前的研究成果表明，石油污染物的微生物修复技术具有以下优点。

（1）处理成本较低。

（2）操作简便、对周围环境影响较小。生物修复只是对自然过程进行的一种有效强化，其最终产物主要是水、二氧化碳和脂肪酸等，不会产生二次污染或导致污染的转移，使环境的破坏和污染物的暴露减少到最小程度。

（3）能有效处理较低浓度的污染物，甚至低于检测限也能被有效地处理。

（4）便于进行原位修复处理。在一些其他技术难以使用的场地，如受污染土壤面积较大或位于一些不便挖出和转移的地方时，可以采用原位生物修复技术。

（5）生物修复技术既可以处理受污染的土壤也可以用以修复污染的水体环境。

（6）微生物适应能力强，能适用于不同规模的污染事件。

石油烃类化合物可分为四类：饱和烃、芳香烃、树脂、沥青。各种石油成分的降解特性因其化学结构及分子量的不同而表现出一定的差异。一般情况下降解情况为：饱和烷烃＞支链烷烃＞低分子量芳烃类＞多环烷烃＞高分子量芳香烃类。微生物主要通过烃类直接吸收、烷烃类生物降解、芳香烃类生物降解等方式进行作用。石油烃类物质主要是通过两种方式被生物直接吸收：①某些烃类通过直接溶于微生物细胞膜的亲脂区而进入到膜内；②通过某些微生物能在油滴界面处生成表面活性剂使石油溶解后进行吸收。

1. 烷烃类的生物降解

直链烷烃的生物降解主要是在不同脱氧酶的作用下，先将烃类氧化为醇类化合物，再使其氧化为醛类物质，进而使其不断地被氧化为脂肪酸类物质。直链烷烃的生物降解主要通过末端氧化、双末端氧化、亚末端氧化 3 种方式进行氧化分解。

（1）末端氧化模式：

$$RCH_2CH_3 — RCH_2CHOH— RCH_2CHO—RCH_2COOH$$

（2）双末端氧化膜式：

$$CH_3CH_2RCH_2CH_3 —OHCH_2CH_2RCH_2CHOH—CHOCH_2RCH_2CHO—COOHCH_2RCH_2COOH$$

（3）亚末端氧化模式：

$$RCH_2CH_3 \longrightarrow RCHOHCH_3 \longrightarrow RCOCH_3 \longrightarrow RCOOCH_3$$

环烷烃的生物降解途径主要是：首先在氧化酶的作用下形成环烷醇，其次在脱氢酶作用下形成环烷酮，然后氧化形成内酯结构，开环后进一步在有关氧化酶的作用下形成脂肪酸。

2. 芳香烃类的生物降解

芳香烃类的生物降解主要是通过微生物在氧分子的参与下，利用加氧酶的催化作用（包括单氧酶和双加氧酶）进行不同途径代谢，将苯环结构打开，形成具有溶解性的直链烃，再根据直链烃的降解途径进行进一步的氧化分解。

本试验从某油田长期被石油污染的土壤和水体中，利用直接分离、富集培养分离和群系构建的方法，从而进行高效石油降解菌株的筛选、分离、鉴定和性质研究。

三、实验材料

1. 样品

石油污染样品包括石油污染土壤和含油污水两种。其中石油污染土壤样品为采自某油田钻井机附近土壤和钻井机旁被填埋的油泥和油沙。所有石油污染样品取样后放入封口袋中，48h 内进行样品中微生物的富集培养和分离工作。

2. 溶液或试剂

牛肉膏、蛋白胨、酵母膏、NaCl、琼脂粉、葡萄糖、$(NH_4)_2SO_4$、$MgSO_4 \cdot 7H_2O$、$NaNO_3$、KH_2PO_4、K_2HPO_4、Na_2SO_4、NH_4Cl、酸水解干酪素、石油醚，沸程 $60\sim90℃$、原油溶液、NucleoSpin、柱式细菌基因组 DNA 抽提试剂盒、Taq DNA Polymerase、dNTPs（25mmol/L each）、DEPC water、Ready-to-use PCR Kit、引物 27F、引物 1492R。

3. 培养基

无机盐培养基、富集培养基、分离培养基、保存培养基、明胶液化培养基、糖或醇发酵培养基、葡萄糖蛋白胨培养基、脂酶培养基、Biolog 鉴定培养基、16s rDNA 鉴定培养基。

4. 仪器或其他用具

电子天平、空气浴振荡器、隔水式恒温培养箱、高压蒸汽灭菌锅、离心机、电热恒温水浴锅、电泳仪、电泳槽、凝胶成像系统、Biolog、PCR 仪、酸度计（pH 仪）、分光光度计、显微镜、冰箱。

四、实验步骤

1. 石油降解菌株的分离

（1）直接分离。

1）称取 10g 新鲜土样或 10mL 水样加入到装有 100mL 无菌水的三角瓶中，30℃ 200r/min，振荡 30min。

2）对振荡均匀的样品进行梯度稀释。

3）取 0.1mL 稀释液到含油（0.5%）无机盐平板上，用无菌刮铲涂布均匀，每个稀释度重复 3 次，30℃ 恒温培养 $4\sim5d$。

4）用接种环挑取生长速度快，生长良好的菌落在 TSA 固体平板上画线，30℃ 恒温培养 $1\sim2d$。

5）对 TSA 平板上的单菌落进行镜检，确认为单菌落后挑取该菌落在 TSA 斜面培养基上划 S 线，30℃ 恒温培养 $1\sim2d$。培养好的菌种换上灭菌的橡胶塞放于 4℃ 冰箱中保存备用。

（2）富集及分离。

1）称取 10g 新鲜土样或 10mL 水样加入到装有 100mL 含油（0.1%）TSA 液体培养基的三角瓶中，30℃ 200r/min 摇床培养 5d。

2）取上述 10mL 富集培养液加入到装有 100mL 含油（0.3%）无机盐液体培养基的三角瓶中，30℃ 200r/min 摇床培养 5d。

3）重复步骤 2）两次。

4）对步骤 2）3）中的富集培养液进行适当稀释，然后分别取 0.1mL 稀释液到含油（1.0%）无机盐平板和 TSA 固体平板上，用无菌刮铲涂布均匀，每个稀释度重复 3 次，30℃恒温培养 2～4d。

5）用接种环挑取生长速度快，生长良好的菌落在 TSA 固体平板上画线，30℃恒温培养 1～2d。

6）对 TSA 平板上的单菌落进行镜检，确认为单菌落后挑取该菌落在 TSA 斜面培养基上划 S 线，30℃恒温培养 1～2d。培养好的菌种换上灭菌的橡胶塞放于 4℃冰箱中保存备用。

（3）石油含量的测定。本试验根据国标 GB 3838—1988 规定，采用紫外分光光度法测定石油含量。

（4）最大吸收波长的确定。取配制好的 100g/L 的原油溶液，将其稀释成浓度为 40mg/L 的原油溶液 10mL，然后用紫外分光光度计，以石油醚为参比溶液对其进行波长扫描，确定最大吸收波长。

（5）石油标准曲线的绘制。配制一系列浓度的原油溶液，在最大吸收波长处测定吸光度，绘制出标准曲线。

（6）石油降解率的计算：

$$石油降解率（\%）=\frac{初始浓度-测定浓度}{初始浓度}\times100\%$$

2. 优良石油降解菌株的筛选

将分离得到的菌株，用接种针挑一环到 TSA 液体培养基中，30℃ 200r/min 摇床培养 24～48h。吸取 1mL 菌液加入到 50mL 含油（500mg/L）无机盐培养基中，在 30℃ 200r/min 的恒温摇床上进行振荡培养，定期测定 OD 值，根据菌株生长量和其对石油的降解率，筛选出生长速度快、生长量大且对石油降解率高的活性菌株。

3. 石油降解菌株的鉴定

对分离得到的石油降解菌株应用 Biolog 试验、16s rDNA 全序列分析，再结合传统的鉴定方法，根据微生物的形态特征和生理生化特征，参照伯杰氏手册、细菌分类手册及相关文献，最终将菌株鉴定到属或种。

（1）菌株的形态学观察。

1）菌落观察。将石油降解菌株接种到 TSA 固体培养基上，于 30℃恒温培养 2～4d，进行菌落形态观察，包括菌落颜色、大小、边缘状况、隆起状况、光泽、黏稠度、培养基颜色等。

2）菌体观察。

A 革兰氏染色。以 Eocil（G⁻）和 Bacillus subtilis（G⁺）为参照菌株进行待鉴定菌株的革兰氏染色。

a. 用接种环挑取少许菌苔，涂布在干净载玻片上的一滴无菌蒸馏水中，风干固定。

b. 用结晶紫的混合液染 1min，用水洗。

c. 加碘液作用 1min，吸干。

d. 用 95％的乙醇溶液脱色，流滴至洗脱液至无色（约 25s）。

e. 用 0.5％的番红液染 2～3min，水洗、风干。

f. 油镜下镜检观察，深紫色为革兰氏染色阳性；红色为革兰氏染色阴性，并记录观察结果。

B 芽孢染色。

a. 拭净玻片，将菌制备成抹片，并加热固定。

b. 将抹片覆以孔雀石绿（5％），并将玻片置于电热板上，加热至产生蒸汽 2～3min。

注意：勿使染液蒸干，需要时补充之。并调至适当温度，以防染液沸腾。

c. 将玻片冷却，以自来水轻洗之。

d. 以番红（0.5％）复染 30s。

e. 以自来水轻洗之。

f. 以吸水纸拭干，用油镜观察，芽孢呈绿色，菌体和芽孢囊呈微红色，但应注意菌体中有异染粒时，也可呈现绿色。

3）菌体运动性观察。可用普通显微镜检查细菌细胞是否能游动，检查时光线不宜太强，要适当减弱，且要注意以下几点。

a. 细菌细胞间有明显移位者，才能判定为运动性。

b. 有些细胞不以鞭毛运动，而是滑动，应当与游动区分开，一般游动速度高，滑动迟缓。游动只能在悬液中运动，滑行则须附在固体表面进行。

c. 有些细菌会因为温度太低而不能运动，应提高载物台或载玻片温度，使之达到试验菌能够运动的温度。

d. 镜检好氧菌时，可能因盖玻片下供氧不足而使试验菌不能表现出运动性，遇到这种情况则应使盖玻片下留一两个小气泡，镜检气泡四周或盖玻片边缘处细菌运动性。

（2）菌株的生理生化试验。

1）明胶液化实验。

a. 用穿刺接种法分别接种菌种于明胶培养基中。

b. 接种后置于 20℃恒温箱中，培养 48h。

c. 观察结果时，注意培养基有无液化情况及液化后的形状。

注意：如细菌在 20℃时不能生长，则必须培养在所需的最适宜温度下，观察结果时需将试管从温箱中取出后，置于水浴中，才能观察液化程度。

2）糖或醇发酵试验。

a. 分别接种降解菌于糖发酵培养基中，置于 37℃恒温箱中培养 24h。另外保留一支不接种的培养基。

b. 观察并记录实验结果。

3）乙酰甲基甲醇（V. P.）。

a. 分别接种降解菌于葡萄糖蛋白胨培养基中，置于 37℃恒温箱中，培养 24h。

b. 观察并记录实验结果，在培养液中加入 40％氢氧化钾溶液 10～20 滴，再加入等量的

a-萘酚溶液，拔去棉塞，用力震荡，再放入 37℃温箱中保温 15～30min。如培养液出现红色为 V. P. 阳性反应。

4）接触酶。将培养 24h 的斜面菌种，以铂丝接种环取一小环涂抹于已滴有 3%过氧化氢的玻片上，如有气泡产生则为阳性，无气泡为阴性。

5）耐盐性试验。按不同的菌种选择其适宜生长的培养基，依鉴定需要加入不同浓度的 NaCl 溶液（1%、5%、10%、15%、20%、25%、30%）。接种菌种到培养基上，培养 3～7d，观察菌种在培养基上的生长情况。

6）脂酶。采用 Tween80 法将底物 Tween80 于 121℃灭菌 20min 备用。将脂酶固体培养基冷却到 40～50℃，加 Tween80 至终浓度为 1%，倒平板。用点种的方式接种菌株于平板中间，培养 3～7d，在菌株周围有模糊的晕圈为阳性，没有晕圈为阴性。

7）表面张力测定。在无机盐液体培养基中加入 0.1%的原油，接种待测菌株，培养 7d 后取水相用表面张力测定仪进行表面张力的测定。

（3）菌株 Biolog 鉴定。

Microlog 系统是一种高级且使用方便的鉴定并描述微生物的工具，Biolog 的创新专利技术是通过每一个微生物利用特殊的碳源来产生一种对应于该生物的唯一图纹或"指纹"。在 Microplate 中含有 95 种碳源，Al 孔为阴性对照孔。当一种微生物开始利用在 MicroPlate 某一孔内的碳源时，该过程会还原一种四氮唑氧化还原染料，这些孔会变成紫色，颜色的深浅反映为 7 种图纹是可视的或可用 Microstation 阅读器阅读。这一指纹数据将被输入 Microlog 软件，它将搜索其数据库并在几秒钟内做出鉴定。利用 Biolog 进行微生物鉴定包括如下 5 个步骤。

1）将待鉴定菌株在 Biolog 特定的固体培养基上进行画线，分离得到单菌落。

2）做革兰氏染色，判断菌株的革兰氏阴阳性后，将单菌落接种在特定固体培养上，28℃培养 5～6d。

3）将菌落用无菌棉签刮下至特定的鉴定液体中，制成浊度约为 75%的接种菌悬液，浊度必须确保在数据库给定的浊度标准 75%范围内±3%。

4）接种前应至少润洗 3 遍枪头，在 96 孔 Microplate 鉴定板中，每孔加入菌悬液 100μL。将 Microplate 置于 28℃恒温培养箱中培养 1～2d，并定期观察鉴定板孔中的颜色变化情况。

5）对 Microplate 进行阅读，读数时 Al 位于左上角，Microplate 板要保持洁净。

（4）菌株分子生物学鉴定。

本实验采用的细菌 16s rDNA 序列分析程序如下：

细胞富集→提取 DNA→16s rDNA 扩增→PCR 产物测序→BLAST 测序结果分析。

1）细菌总 DNA 提取。本试验利用上海 Sangon 公司的 UNIQ-10 柱式细菌基因组 DNA 抽提试剂盒进行细菌总 DNA 的提取。

a. 将培养至对数生长期的细菌培养液放置在离心机上，10 000r/min 离心 1min，弃上清液，收集适量菌体，再加入 200μL TE（pH8.0），混合均匀后再在离心机上 10 000r/min 离心 1min，弃上清液，以尽可能除净培养基。

b. 加入 200μL TE（pH8.0）到离心管中，将菌体混合均匀制成悬浮样品。

c. 在 200μL TE 悬浮样品中，加入 400μL Digestion Buffer，混匀；再加入 3μL Proteinase K，混匀，55℃保温 5min。降解完全的样品应是透明黏稠液体。

　　d. 加入 260μL 无水乙醇，混匀，然后用 1mL Tip 头将样品全部转移到套放于 2mL 收集管内的 UNIQ-10 柱中。

　　e. 室温下 8000r/min 离心 1min。

　　f. 取下 UNIQ-10 柱，弃去收集管中的废液。将柱放回收集管中，加入 500μL Wash So-lution，10 000r/min，室温离心 30s。

　　g. 重复步骤 e. 一次。

　　h. 取下 UNIQ-10 柱，弃去收集管中的全部废液。将柱放回收集管中，10 000r/min 室温离心 1min，以除去残留 Wash Solution。

　　i. 将柱放入新的洁净 1.5mL 离心管中，在柱中央加入 50μL Elution Buffer，室温或 37℃放置 2min。

　　j. 离心 1min。离心管中的液体即为基因组 DNA，-20℃保存备用。

　　2）16s rDNA PCR 扩增。采用 Gene AMP 9700 PCR 扩增仪进行 16s rDNA 扩增，见表 33-1，采用 16s rDNA 通用引物（Weissburg，1991）：

27F　　5′-AGAGTTTGATCATGGCTACAG-3′

1492R　　5′-TACGGTTACCTTGTTACGACTT-3′

表 33-1　　　　　　　　　　　　　16s rDNA 扩增体系

成分	体积（μL）	成分	体积（μL）
ddH$_2$O	37	引物 27F	1
Buffer	5	引物 1492R	1
MgCl$_2$	4	DNA 模板	0.5
dNTP	1	Taq 酶	0.5
合计		50μL	

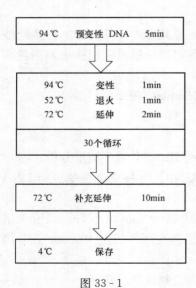

图 33-1

将反应体系的所有物质混匀后，吸入平盖 PCR 扩增薄壁管内，放入 PCR 仪中。PCR 反应程序如下（30 个循环，见图 33-1）：

将 PCR 扩增产物在 1.0％琼脂糖凝胶上电泳，用 EB 染色 15min，在紫外灯下观察是否所需的 DNA 条带。

3. 16s rDNA 产物测序及同源性比较

将 PCR 产物送测序公司进行测序。登录 http：//www.ncbi.nlm.nih.gov 将测序结果用 BLAST 与 Genbank 中的 16s rDNA 序列进行同源性比较。

4. 影响菌株生长和石油降解效率相关因素的初步研究

为了得到优良降解菌株的最适生长条件及其最佳降解条件，实验采用生物摇床进行单因素试验，对菌株在不同环境条件下的降解性能进行初步研究。向 50mL 灭菌后的培养基中加入 5mL 灭菌的原油（浓度为 100g/L），在无菌条件下，每瓶接入一支新鲜斜面菌种，每一条件设置 3 次重复，在摇床上恒温培养，连续培养一定时间，取样观察、检测并分析，结果取二次重复的平均值进行比较。

原油含量采用紫外分光光度法测定，细菌生长量采用光电比浊法测定。

（1）菌株吸收波长的测定。在 TSA 液体培养基中将菌株培养至对数生长期，离心收集菌体，用无菌水充分洗涤 3 次，以除去残留培养基，以无菌水为空白参比，在紫外分光光度计在 800nm 和 340nm 之间进行波长扫描，以确认各菌株的特征吸收波长。

（2）菌株生长曲线的测定。用接种针挑取一环斜面菌种到 50mLTSA 液体培养基中，于 30℃ 200r/min 的摇床上恒温培养 24h。吸取 0.1mL 培养好的菌液接种到灭菌的装有 5mL TSA 液体培养基的试管中，于 30℃ 200r/min 摇床上恒温培养。从接种开始计时，在培养过程中每 2h 取培养试管一只，用分光光度法测定菌体量，即测量菌体生长的 OD_{400} 值，对于 OD 值超过仪器测量范围的需要经过稀释后再进行测量，记录时乘上稀释倍数。同时测量菌液的 pH 值。

（3）初始 pH 值对菌株生长和石油降解效率的影响。pH 值是影响微生物生长的重要环境因素。微生物能够在一定的 pH 值范围内生长，但是不同的菌株都有各自的适宜的 pH 值，另外 pH 值还能够影响微生物产物的生物活性，因此确定菌株降解原油时的最适 pH 值是非常重要的。

由于多数微生物的生长的 pH 值范围在 6～8 之间，因此本实验用 0.1N 的 HCl 或 NaOH 溶液将无机盐培养基的 pH 值调整到 5.0、6.0、7.0、8.0、9.0 和 10.0，灭菌后分别接种降解菌斜面一只，于 30℃ 200r/min 摇床上恒温培养，7d 后测定降解体系中的菌株 OD 值和原油降解率，以确定菌株降解原油的最适 pH 值。

（4）温度对菌株生长和石油降解效率的影响。温度是对微生物各种特性产生影响的另一重要因素。温度通过影响蛋白质、核酸等生物大分子的结构和功能及细胞结构来影响微生物生长、繁殖和新陈代谢。过高的环境温度会导致蛋白质或核酸失活，而温度过低会使酶活力受到抑制，细胞和新陈代谢活动减弱。每一种微生物只能在一定的温度范围内生长，并有其生长、繁殖最快的最适生长温度。因此，选择合适的温度对微生物的生长繁殖及其对污染物的降解能力的提高至关重要。

将降解培养基的初始 pH 值调整到 7.5。分别接种一只斜面到 50mL 含油（500mg/L）无机盐培养基中，分别在 25℃、28℃、31℃、34℃、37℃、40℃ 的恒温摇床上进行震荡培养，培养 7d 后测定培养液的 OD 值和原油的降解率，以确定菌株降解原油的最适温度。

（5）盐浓度对菌株生长和石油降解效率的影响。无机盐类在细菌细胞内主要起到以下作用：构成细胞的组成成分、酶的组成成分、酶的激活剂及维持适宜的渗透压。渗透压是影响微生物生长的环境因素之一。不同类型的微生物对渗透压变化的适应能力也不尽相同，大多数微生物在 0.5%～3% 的盐浓度范围内可正常生长，10%～15% 的盐浓度能抑制大部分微生物的生长，但也有能在高于 15% 盐浓度的环境中生长的微生物。

配置 50mL 含 NaCl 1%、5%、10%、15%、20% 和 25% 的含油（500mg/L）无机盐培养基，分别接种一支新鲜斜面菌种到其中，在 30℃ 的恒温摇床上进行震荡培养，培养 7d 后，测定培养液的 OD 值和原油的降解率，以确定菌株降解原油的最适盐浓度。

（6）通气量对菌株生长和石油降解效率的影响。氧是多数微生物生长的限制因子，不同类型的微生物对氧的需求是不同的。在摇床实验中，摇床转速可以间接反映通气量。随着振荡器转速增大，气液接触面积也加大，同时由于震荡使液体形成涡流，延长了气体在液体中的停留时间，也就增加了气液接触时间，这就增加了氧的溶解速度，因而能够促进微生物的生长，提高对石油的降解效果。

将降解培养基的初始 pH 值调整到 7.5，分别接种一只斜面菌种到 50mL 含油（500mg/L）无机盐培养基中，在 30℃ 条件下，将摇床转速分别调整到 100、150、180、200、220、250r/min 进行震荡培养，培养 7d 后，测定培养液的 OD 值和原油的降解率，以确定菌株降解原油的最适摇床转速。

（7）氮源对菌株生长和石油降解效率的影响。氮是构成生物体的必需元素，氮素不足会限制生物体的生长繁殖，因此氮元素是影响微生物生长和菌株石油降解效率的重要营养物质。实验中选择不同类型的氮源加入到原油降解培养基中（氮元素加量等同于现在无机盐培养基中的氮元素量），分别接种一支新鲜斜面菌种，在 30℃、200r/min 的恒温摇床上进行震荡培养，培养 7d 后，测定培养液的 OD 值和原油的降解率，以确定菌株降解原油的最适氮源。

（8）磷源对菌株生长和石油降解效率的影响。磷元素是微生物生长的必需元素，磷源也是影响降解菌株生长和菌株石油降解效率的重要营养物质。实验中选择不同类型的磷源加入到原油降解培养基中（加量等同于现磷元素加量），分别接种一支新鲜斜面菌种，在 30℃、200r/min 的恒温摇床上进行震荡培养，培养 7d 后，测定培养液的 OD 值和原油的降解率，以确定菌株降解原油的最适磷源。

五、作业与思考题

1. 为了提高实验的准确性，要注意哪些问题？
2. 分析影响菌株生长和石油降解效率相关因素，并绘制图表说明。

实验三十四　固体废物处理与资源化方法

Ⅰ　碱溶性金属废物碱浸—电解资源化（含锌废物碱浸—电解回收金属锌粉工艺简介）

锌（Zn，65.39）是一种蓝白色金属，化学性质活泼，能溶于大多数无机酸和强碱性溶液。锌用途广泛，在有色金属消费中仅次于铜和铝，在国民经济中占有重要地位，在工业发展中有着不可替代的作用。

随着我国经济迅猛发展，锌需求快速增长与锌精矿资源面临枯竭的矛盾日益加深，贫杂氧化锌矿及含锌废物等锌二次资源越来越受到重视。本工艺基于锌在强碱性溶液中能被高效选择性浸出、净化、流程简单、电解能耗低、可直接电解回收金属锌粉等优势而被提出，是生产金属锌粉的一种清洁工艺，特别适用于贫杂氧化锌矿及含锌废物的处理。

本实验属于综合性实验，基于该工艺可分为 4 个子实验：

（1）化学滴定法测定强碱溶液中的游离碱、锌和碳酸钠的实验；

（2）含锌废物中锌含量的测定实验；

（3）含锌废物强碱浸取实验；

（4）含锌强碱溶液电解回收金属锌实验。

化学滴定法测定强碱溶液中的游离碱、锌和碳酸钠的实验

一、实验目的

1. 了解准确快速测定碱法炼锌工艺含锌碱液（消解液、浸取液、净化液、电解液、废电解液等）中的游离碱、锌及碳酸钠对该工艺的实验研究和生产控制都有着至关重要的作用；

2. 通过本实验使学生了解强碱溶液中游离碱、锌和碳酸钠的测定原理；

3. 掌握强碱溶液中游离碱、锌和碳酸钠的测定方法。

二、实验原理

首先利用酸碱中和原理以酚酞和甲基橙作为指示剂，用盐酸标准溶液进行滴定；然后在 pH＝5.5～6 的条件下以 $Na_2S_2O_3$ 和 KF 作为掩蔽剂，以二甲酚橙作指示剂进行 EDTA 络合滴定测定溶液中锌含量，EDTA 能够与多种金属形成稳定的可溶性配合物，当接近滴定终点时，金属离子急剧减少使指示剂得以释放，溶液显示出指示剂本色或显示出 EDTA 与金属离子络合物的颜色，确定滴定终点。最后利用盐酸和 EDTA 的消耗量联合计算含锌碱性溶液中游离碱和碳酸钠量。

三、实验材料

1. 溶液与试剂

1.0mg/mL 的锌标准溶液：准确称取 0.1g 优级纯锌粉溶于 2mL 优级纯浓盐酸并定容至 100mL 容量瓶中。

pH 值为 5.5～6 的乙酸—乙酸钠缓冲溶液：称取 200g 结晶乙酸钠，用水溶解后，加入 10mL 冰乙酸，用水稀释至 1L，摇匀。

5g/L 的二甲酚橙指示剂：称取 5g 二甲酚橙溶于 100mL 水中，保质期两周。

10g/L 的酚酞指示剂：称取 1g 酚酞溶于 100mL 无水乙醇中。

1g/L 的甲基橙指示剂：称取 0.1g 甲基橙溶于 100mL 水中。

其他溶液或试剂：去离子水、氨水、盐酸、0.5 mol/L 的盐酸标准溶液、EDTA 标准溶液（0.1～0.15mol/L）、100g/L 的硫代硫酸钠溶液、200g/L 的 KF 溶液。

2. 仪器或其他用具

电热套一台、酸式滴定管（含铁架台）、250mL 锥形瓶、10mL 移液管、50mL 容量瓶、玻璃棒、胶头滴管等。

四、实验步骤

（1）用移液管吸取 10mL 待测液于 50mL 容量瓶中，用去离子水定容。

（2）取 10mL 上述定容后试液于 250mL 锥形瓶中，加入一滴酚酞指示剂，用盐酸标准溶液滴定至粉色变成红色，读取盐酸消耗体积 V_1；再滴加一滴甲基橙指示剂，继续用盐酸标准溶液滴定至溶液由黄色变为橙色，加热煮沸，冷却，再滴定到溶液变成橙色，读取盐酸消耗体积 V_2。

（3）另取 10mL 定容后试液于 250mL 锥形瓶中，滴加一滴氨水（1+1），再加一滴甲基橙指示剂，用盐酸（1+1）中和至甲基橙变红，然后再滴加氨水（1+1）使其刚好变黄，加入 15mL 乙酸—乙酸钠缓冲溶液，再分别加 2～3mL $Na_2S_2O_3$ 溶液和 KF 溶液，摇匀。加入一滴二甲酚橙指示剂，用 EDTA 标准溶液滴定至溶液由酒红色变成亮黄色，即为终点，记录 EDTA 标准溶液消耗量 V_3。

（4）按上述步骤做平行样，结果取平均值。

（5）记录实验数据。

（6）清洗各种实验用具，并归回原位，检查无误后方可。

五、实验结果（计算公式）

$$\rho_{zn} = \frac{1}{2} \times f \times V_3$$

$$\rho_{NaOH} = \frac{40}{2} \times (V_1 - V_2) \times C_{cl}$$

$$\rho_{Na_2CO_3} = \frac{106}{2} \times \left(V_2 \times C_{HCl} - 2 \times \frac{f \times V_3}{65} \right)$$

式中　ρ_{Zn}、ρ_{NaOH}、$\rho_{Na_2CO_3}$——分别为测得溶液的锌、游离碱和碳酸钠浓度，g/L；

　　　　f——1.00mL EDTA 标准溶液相当于锌的质量，g/mL；

　　　C_{HCl}——盐酸标准溶液浓度，mol/L；

　　　　V_1——用酚酞作指示剂滴定消耗盐酸的体积，mL；

　　　　V_2——用甲基橙作指示剂继续滴定消耗盐酸的体积，mL；

　　　　V_3——EDTA 的消耗体积，mL。

六、作业与思考题

1. 步骤（3）中为什么反复滴加氨水、盐酸至甲基橙刚好变成黄色？

2. 加入缓冲溶液的作用是什么？

3. $Na_2S_2O_3$ 溶液和 KF 溶液作为掩蔽剂主要掩蔽哪些离子？

含锌废物中锌含量的测定实验

一、实验目的

1. 了解消解法、化学滴定法准确测定固体废物中锌含量;

2. 掌握固体废物的消解方法。

二、实验原理

利用单一强酸或混合强酸在加热条件下破坏固体废物中的有机物和还原性物质,并将金属元素氧化为高价态,然后利用化学滴定法测定其中金属锌元素的含量,最终得出该固体废物中的锌含量。

三、实验材料

1. 溶液或试剂

盐酸(优级纯)、硝酸(优级纯)、高氯酸(优级纯)、氢氟酸(优级纯)、去离子水等。

2. 仪器或其他用具

电子天平(精度 0.000 1g)、电加热板、消解杯(聚四氟乙烯材质)、100mL 容量瓶、5mL 移液管、10mL 移液管、口罩、手套等防护用品。

四、实验步骤

(1)打开通风橱通风开关,打开电加热板并将温度调至 100℃。

(2)称取约 0.1g 固体废物样品(记为 m)于消解杯中,快速加入 6mL 盐酸和 2mL 硝酸,立即盖上消解杯盖,放在电加热板上加热。同时做平行、空白对照实验。

(3)待消解杯中酸剩余量很少(2~3mL),若仍有较多不溶物时,小心取下消解杯稍加冷却,同时将电加热板温度调高至 160℃,在稍加冷却的消解杯中加入 3mL 氢氟酸继续放在电加热板上消解。

(4)同样待酸剩余量很少时,若仍有较多不溶物,小心取下消解杯稍加冷却后加入 3mL 高氯酸放在电加热板上继续消解。

(5)待酸剩余量很少(2~3mL)时,取下消解杯冷却后转移至 100mL 容量瓶中(若有不溶物则需过滤),加入 2mL 硝酸,用去离子水定容至 100mL 摇匀。关闭通风橱。

(6)然后利用化学滴定法测定定容后溶液中锌浓度(记为 ρ,单位 g/L)。

(7)注意事项:

1)消解时若固体废物已经完全溶解,没有不溶物残留,则可以结束加酸消解,进入定容步骤;

2)本实验所涉及强酸属于高危药品,全部具有极强的腐蚀性,其中高氯酸应避免振动或撞击,以免发生爆炸,必须轻拿轻放,佩戴必要的防护用品,以免发生危险。

五、实验结果(计算公式)

$$w_{Zn} = \frac{\rho}{10 \times m} \times 100\%$$

式中　w_{Zn}——样品中锌含量;

　　　ρ——定容到 100mL 中的锌浓度,g/L;

　　　m——称取的含锌废物质量,g。

含锌废物强碱浸取实验

一、实验目的

1. 通过本实验初步了解含锌废物强碱浸出工艺；

2. 理解实验原理和实验流程，掌握实验操作方法。

二、实验原理

根据来源，含锌废物中的锌可能以 Zn、ZnS、ZnO、$ZnCO_3$、Zn_2SiO_4 或 $ZnO \cdot Fe_2O_3$ 等形态存在，除铁酸锌（$ZnO \cdot Fe_2O_3$）、硫化锌（ZnS）外，金属锌单质及其他化合态在一定条件下既能溶于酸，也能溶于强碱。

锌及锌的化合态在强碱溶液中相关反应如下：

$$Zn + 2OH^- \longrightarrow ZnO_2^{2-} + H_2 \uparrow$$
$$ZnO + 2OH^- \longrightarrow ZnO_2^{2-} + H_2O$$
$$ZnCO_3 + 4OH^- \longrightarrow ZnO_2^{2-} + 2H_2O + CO_3$$
$$ZnSiO_4 + 6OH^- \longrightarrow 2ZnO_2^{2-} + 3H_2O + SiO_3^{2-}$$
$$ZnO_2^{2-} + 2H_2O \longrightarrow Zn(OH)_4^{2-}$$

三、实验材料

1. 材料

含锌固体废物。

2. 溶液或试剂

氢氧化钠固体。

3. 仪器或其他用具

恒温磁力搅拌水浴锅、离心机、离心管、500mL 细口玻璃反应器、磁力转子、温度计、玛瑙研钵、100 目标准筛、500mL 烧杯、100mL 容量瓶、滤纸、玻璃棒等。

含锌废物强碱浸取实验装置如图 34-1 所示。

四、实验步骤

（1）研磨烘干冷却后的含锌废物使通过 100 目标准筛，然后称取 10g（精确到 0.000 1g，记为 M）筛下含锌废物，备用。

（2）在水浴锅中加入适量水，打开加热开关并将温度调至预设值（如 80℃）。

（3）称取 65g NaOH 并转移至反应器内，向反应器内加入去离子水使 NaOH 完全溶解，并加去离子水至接近250mL 刻度。

（4）将反应器放入水浴锅中；开启磁力搅拌并调节搅拌转速至预设值；待反应器溶液温度达到预设值后，向反应器内加入已称量好的含锌废物，并用去离子水定容至 250mL；开始浸取。

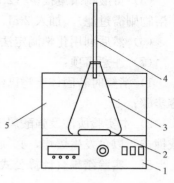

图 34-1 含锌原料浸出实验装置
1—水浴锅；2—搅拌子；3—锥形瓶；
4—冷凝管或漏斗；5—电节点温度计

（5）浸取过程中，每到达某一预设浸取时间（如 0.5h、1h、1.5h、2h 等），立即用移液管取 5mL 浸取液放至离心管并放入离心机进行离心，固液分离。

（6）精确移取离心管上清液 1mL，用实验Ⅰ的检测方法测定溶液中的锌浓度（记为ρ，单位为 g/L）。

（7）记录实验数据。

（8）清洗各种实验用具，并归回原位，检查无误后方可。

五、实验结果（计算公式）

$$\eta = \frac{250m}{M \times P} \times 100\%$$

式中　η——含锌废物中锌的浸取率，%；

　　　m——1mL 离心上清液中锌的质量，g；

　　　M——称量的含锌废物总质量，g；

　　　P——含锌废物中锌的百分含量，%。

六、作业与思考题

1. 影响锌浸取效率的因素有哪些？

2. NaOH 浓度降低了多少？降低量是否全部参与了 ZnO 的反应？

 **含锌强碱溶液电解回收金属锌实验**

一、实验目的

1. 通过本实验直观感受碱锌溶液中金属锌的电沉积过程；

2. 培养对固体废弃物资源化回收利用的兴趣；

3. 掌握碱锌溶液电解回收金属锌的实验操作。

二、实验原理

电解过程即在外部电压作用下驱动电解质溶液中阴阳离子分别向阳极和阴极移动，并分别在阳极和阴极发生氧化反应和还原反应。强碱介质中，碱根离子失去电子生成氧气和水，同时碱锌离子在阴极得到电子被还原为锌单质，从而得到高纯度的金属锌。

碱锌溶液中阴阳极主要反应如下（不锈钢板做阳极，镁合金板做阴极）：

$$阳极：2OH^- - 2e^- \longrightarrow \frac{1}{2}O_2\uparrow + H_2O$$

$$阴极：Zn(OH)_4^{2-} + 2e^- \longrightarrow Zn\downarrow + 4OH^-$$

三、实验材料

1. 溶液或试剂

氧化锌（AR）、氢氧化钠（AR）。

2. 仪器或其他用具

直流电源、阴阳极板各一块（阳极：不锈钢板；阴极：镁铝合金板）、恒温磁力搅拌水浴锅、蠕动泵（可用磁力转子搅拌代替）、电解槽（本实验采用500mL 塑料烧杯）、1000mL 烧杯、pH 试纸、玻璃棒、直尺、导线等。

含锌强碱溶液电解回收金属锌实验装置如图 34-2 所示。

四、实验步骤

（1）称取 21.87g 氧化锌和 121.6g 氢氧化钠溶于去

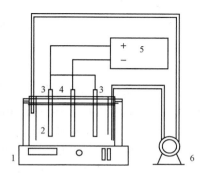

图 34-2　电解试验装置图

1—水浴锅；2—电解槽；3—阳极板；
4—阴极板；5—数显直流电源；6—蠕动泵

离子水中并定容、配制成 500mL 的碱锌溶液（其中锌含量 35g/L，氢氧化钠浓度 200g/L）。

（2）利用化学滴定法测定碱锌溶液中锌含量（g/L），记为 C_1。

（3）取 450mL 的碱锌溶液于 500mL 塑料烧杯中（也可以按照装置图将盛有碱锌溶液的塑料烧杯放在水浴锅中在可控温度下进行电解），放入阴、阳电极板（浸没极板面积为 7cm×6.5cm），用导线将极板与直流电源正负极正确连接，并调整阴、阳极板间距 3cm。

（4）打开直流电源，调节电压、电流旋钮输出恒电流，使电流密度达到预设值（如 1000A/m²）；开始电解，观察电解过程中阴、阳极板表面的现象。

（5）电解到预定时间（如 1h、1.5h、2h 等）后，关闭电源开关；用移液管取适量（如 1mL、2mL 等）电解废液，利用化学滴定法测定锌含量，记为 C_2。

（6）将烧杯中的剩余电解废液倒入废液桶内；将阴极电解锌粉刮下，并将阴、阳极板从烧杯内取出；用去离子水反复冲洗电解得到的金属锌粉，直至清洗水 pH 值小于 8，送真空干燥箱真空干燥，即可得到高纯度金属锌粉。

（7）记录实验数据。

（8）清洗各种实验用具，并归回原位，检查无误后方可离开实验室。

注意：氢氧化钠溶解时会产生大量的热并具有强烈刺激性，请按要求佩戴口罩和乳胶手套，尽量在通风条件下操作。

五、实验结果（计算公式）

$$\eta = \frac{(C_1 - C_2) \times 0.45}{q \times I \times t} \times 100\%$$

式中　η——电流效率；

C_1、C_2——分别为电解前后溶液中的锌浓度，g/L；

q——锌的电解当量（1.22），g/（A·h）；

I——通电电流（4.5~4.6），A；

t——电解时间（5400），s。

六、作业与思考题

1. 电解刚开始一段时间内，阴极板内表面有什么变化，为什么？

2. 请推导锌的电解当量 q 并思考可能的电流效率偏高现象。

Ⅱ　固体废物破碎与筛选

一、实验目的

1. 了解固体废物破碎和筛选的目的和意义；

2. 了解固体废物破碎设备和筛分设备；

3. 掌握固体废物破碎和筛分设备的使用过程；

4. 熟悉破碎和筛分的实验流程；

5. 学会计算破碎、粉磨后不同粒径范围内的固体废物所占的百分数。

二、实验原理

固体废物的破碎是利用外力克服固体废物质点间的内聚力而使大块固体废物分裂成小块的过程。固体废物的磨碎是使小块固体颗粒分裂成细粒的过程。固体废物的筛分是根据产物粒度的不同，利用不同筛孔尺寸的筛子将物料中小于筛孔尺寸的细物粒透过筛面，大于筛孔尺寸的粗物粒留在筛面上，从而完成粗、细颗粒分离的过程。破碎的目的如下：

（1）减容，便于运输和储存。填埋处置时，破碎后物料的压实密度高而均匀，可加快复土还原。

（2）为分选提供所要求的入选粒度。

（3）增加比表面积，提高焚烧、热分解、熔融等作业的稳定性和热效率。

（4）防止粗大、锋利的废物堵塞或损坏分选、焚烧等设备。

（5）使连生一起的矿物或连接在一起的不同材料实现单体分离，便于回收利用。破碎产物的特性一般用粒度分布和破碎比来描述。表示颗粒大小的参数一般有粒径和粒度分布。粒径是表示颗粒大小的参数，常用筛径来表示。粒度分布表示固体颗粒群中不同粒径颗粒的含量分布情况。破碎比表示的是破碎过程中原废物粒度与破碎产物粒度的比值，常用废物破碎前的平均粒度（D_{cp}）与破碎后的平均粒度（d_{cp}）的比值来确定破碎比（i）。筛分完成后，本筛格存留的筛上颗粒质量为筛余量，这些颗粒粒度小于上格筛孔径大余本格筛孔径，本格筛余量的粒度取颗粒平均粒径。

三、实验材料

1. 材料

样品：采集的固体废弃物。

2. 仪器或其他用具

破碎机、球磨机、电动筛分机、方孔筛（规格 80 目、100 目、160 目、200 目、250 目、325 目及 500 目的筛子各一个，并附有筛底和筛盖）、鼓风干燥箱、台式天平、刷子等。

四、实验步骤

（1）称取样品不少于 600g 在（105±5）℃的温度下烘干至恒重。

（2）称取烘干后试样 500g 左右，精确至 1g。

（3）将实验颗粒倒入按孔径大小从上到下组合的套筛（附筛底）上。

（4）开启标准检验筛机，对样品筛分 15min。

（5）筛分后将不同孔径的筛子里的颗粒进行称重并记录数据。

（6）将称重后的颗粒混合，倒入破碎机进行破碎 5min。

（7）收集破碎后的全部物料，倒入球磨机进行粉磨 5min。

（8）将破碎后的颗粒再次放入标准筛分机，重复（3）、（4）、（5）步骤。

（9）分别称取不同筛孔尺寸筛子的筛上产物质量，记录数据。

（10）将称量完的物料倒入回收桶中，收拾实验室，完成实验结果与分析。

（11）注意事项：

1）由于该实验中实验设备操作不当对人的生命安全危害较大，使用时需严格参照说明书并在老师指导下进行实验；

2）使用前要检查破碎机、球磨机、标准筛是否可以正常运转，待正常运转后方可投加物料；

3）使用后及时关闭实验设备和电源，保持实验设备整洁、干净；

4）要合理处置实验后的物料，避免造成再次污染。

五、实验结果

1. 计算真实破碎比

真实破碎比＝废物破碎前的平均粒度（D_{cp}）/破碎后的平均粒度（d_{cp}）。

2. 计算细度模数

$$M_x = \frac{(A_2 + A_3 + A_4 + A_5 + A_6) - 5A_1}{100 - A_1}$$

式中　　　　　　　　　M_x——细度模数（细度模数是判断粒径粗细程度及类别的指标。细度模数越大，表示粒径越大）；

　　　A_1、A_2、A_3、A_4、A_5、A_6——分别为 80 目、100 目、160 目、200 目、250 目、325 目及 500 目筛的累积筛余量百分数。

3. 实验记录

记录不同目筛废物破碎前后数据，填写表 34 - 1。

表 34 - 1　　　　　　　　　　不同目筛废物破碎前后记录表

破碎前总量：　　　　　　　　　　破碎后总量：

目数（目）	筛孔粒径（mm）	破碎前			破碎后		
		筛余量（g）	分计筛余量（%）	累积筛余量（%）	筛余量（g）	分计筛余量（%）	累积筛余量（%）
80	0.18						
100	0.15						
160	0.096						
200	0.075						
250	0.058						
325	0.045						
500	0.025						
筛底							
合计							
差量							
平均粒径							

分计筛余百分率：各号筛余量与试样总量之比，计算精确至 0.1%；

累积筛余百分率：各号筛的分计筛余百分率加上该号以上各分级筛余百分率之和，精确至 0.1%；

筛分后，如每号筛的筛余量与筛底的剩余量之和同原试样质量之差超过 1% 时，应重新实验。

平均粒径 d_{pi}：使用分计筛余百分率 p_i 和对应粒径 d_i 计算：$d_{pj} = \sum_i^n p_i d_i$。

六、作业与思考题

1. 固体废物进行破碎和筛分的目的是什么？

2. 破碎机有哪些？各有什么特点？

3. 影响筛分的因素有哪些？

Ⅲ　固体废物热值、含水率测定

一、实验目的

1. 了解固体废物热值以及含水率分析的目的和意义；
2. 掌握固体废物热值分析和含水率测定的方法；
3. 了解自动量热仪的工作原理和使用方法。

二、实验原理

发热值是指先用已知质量的标准苯甲酸在热量计弹筒内燃烧，求出热量计的热容量（即在热值上等于热体系温度升高 1K 所需的热量，以 J/K 表示），然后使被测物质在同样条件下，在热量计氧弹内燃烧，测量热体系温度升高，根据所测温升高及热体系的热容量，即可求出被测物质的发热量。

设被测热量计热容量时，标准物质所产生的热量为 Q，温度升高为 Δt，则热量计的热容量 $E=Q/\Delta t$（J/K）。

设被测物质产生的热量为 Q，体系温度升高为 Δt，而体系温度每升高 1K，所需的热量为 E，则被测物质热量 $Q=E\times\Delta t$（J）。

三、实验材料

1. 溶液或试剂

苯甲酸：经国家计量机关检定并标明热值的二级苯。

2. 仪器或其他用具

量热仪、恒温干燥箱、马弗炉、分析天平（精度：0.001g）、250 目标准筛、不锈钢坩埚、干燥器、研钵、点火丝（棉线）等。

四、实验步骤

1. 含水率测定

（1）将各垃圾成分的试样破碎至粒径小于 15mm 后，置于干燥箱中，在（105±10）℃条件下烘 4~8h，取下冷却后称量。

（2）重复烘 1~2h，再称量，直至质量恒定，记录质量。

（3）按照公式计算含水率。

2. 粉煤灰热值测定

（1）样品测定前应粉碎只 80 目以上（过 250 目标准筛），并注意其水分基准。称取粉煤灰样品 1.0g 记下质量（精确到 0.000 1g）。

（2）将样品置于氧弹内的燃烧坩中，将棉线卡在点火丝中间。

（3）准确量取 10mL 水倒入氧弹中，拧好氧弹，用充氧仪充氧至 2.8~3.0MPa，并保持 15s 后取下（在氧弹头上略抹些硅脂可防止充氧头内橡胶密封圈频繁破损，但硅脂涂抹过多可能会导致电极接触不良）。

（4）将氧弹置于内桶中，盖好主机盖子。

（5）输入样品编号、样品质量、氧弹号、操作员。[初次测定须对下列常数进行设定：点火热（J）、苯甲酸热（J）、Mar、Mad、St、Had]

（6）点击测定命令按钮进入自动测定过程。

（7）测定结束后，打开主机盖子，去除氧弹，放气、打开氧弹，观察样品燃烧情况，若样品燃烧不完全或飞溅，数据应作废，倒掉水再准备下次实验。

3. 注意事项

（1）氧弹最大充氧压力必须≤3.2MPa。因为氧弹是压力容器，所以有安全使用压力限制。如果充入压力超过这个限定值，将氧弹中的氧气放掉，调整减压器的压力，重充。

（2）点火后20s内身体任何部位不可置于氧弹上方，以防发生氧弹事故。

（3）两年内须对氧弹进行水压试验一次，发现氧弹异常应及时进行水压试验。

五、实验结果（计算公式）

1. 计算含水率

$$C_{i(水)} = \frac{1}{m} \sum_{j=1}^{m} \frac{M_{j(湿)} - M_{j(干)}}{M_{j(湿)}} \times 100\%$$

$$C_{(水)} = \sum_{i=1}^{m} C_{i(水)} \times C_{i(湿)}$$

式中　$M_{j(湿)}$——每次某成分湿重，g；

　　　$M_{j(干)}$——每次某成分干重，g；

　　　　n——各成分数；

　　　　m——测定次数。

2. 计算热值

利用 CT6000 型自动量热仪附带计算机软件得出所测结果。

Ⅳ　固体废物浸出毒性实验

一、实验目的

1. 了解固体废物浸出毒性实验的目的和意义；

2. 学习和掌握固体废物中有害物质的浸出方法；

3. 学习和掌握样品含水率的计算方法。

二、实验原理

浸出是指可溶性的组分溶解后，从固相进入液相的过程。浸出毒性是指固体废物遇水浸沥，浸出的有害物质迁移转化，污染环境，这种危害特性称为浸出毒性。初始液相是指明显存在液固两相的样品，在浸出步骤之前进行过滤所得到的液体。

本方法以醋酸缓冲溶液为提取剂，模拟工业废物在进入卫生填埋场后，其中的有害组分在填埋场渗滤液的影响下，从废物中浸出的过程。而模拟工业废物进入不规范填埋处置、堆存时则以硫酸/硝酸混合溶液为提取剂（详见 HJ/T 300—2007）。

三、实验材料

1. 溶液或试剂

试剂水、冰醋酸、1mol/L 的 HCl 溶液、1mol/L 的 HNO_3 溶液、1mol/L 的 NaOH 溶液。

2. 仪器或其他用具

翻转振荡器、真空泵、磁力搅拌器、实验天平（精度为±0.01g）、表面皿、容积 1L 的抽滤瓶、pH 计（精度为±0.05）、标准筛（孔径 9.5mm）、滤膜（玻纤滤膜或微孔滤膜，孔径 0.6～0.8μm）等。

四、实验步骤

1. 提取剂的配制

（1）提取剂 1♯ 的配制。将 5.7mL 冰醋酸溶于 500mL 去离子水中，再加入 1mol/L 的 NaOH 溶液 64.3mL 定容至 1L，用 1mol/L 的 HNO$_3$ 或 1mol/L 的 NaOH 溶液调节溶液 pH 值，使之保持在 4.93±0.05 范围。

（2）提取剂 2♯ 的配制。将 5.7mL 冰醋酸溶入去离子水中，定容至 1L，保持溶液 pH 值在 2.88±0.05 范围。

2. 含水率的测定

称取 50～100g 样品置于具盖容器中，在 105℃ 的条件下烘干，恒重至两次称量值的误差小于±1%，计算样品的含水率。

样品中含有初始液相时，应将样品进行压力过滤，再测定滤渣的含水率，并根据总样品量计算样品的干固体百分比。进行含水率测定后的样品，不得用于浸出毒性试验。

3. 样品的破碎

样品的颗粒应该可以通过 9.5mm 孔径的筛，对于较大的颗粒可通过破碎、切割或者研磨降低粒径。

4. 确定使用的浸提剂

取 5.0g 样品至 500mL 烧杯或者锥形瓶中，加入 96.5mL 的去离子水，用磁力搅拌 5min，测定 pH，如果 pH<5.0，用浸提剂 1，如果 pH>5.0，用浸提剂 2。

5. 浸取步骤

（1）如果样品中含有初始液相时，应用压力过滤器和滤膜对样品过滤。干固体百分比小于 5% 的，所得到的初始液相即为浸出液，直接进行分析。干固体百分比大于或等于 5% 时，将滤渣按如下操作浸出，初始液相与浸出液相合并后进行分析。

（2）称取 75～100g 样品，置于 2L 提取瓶中，根据样品的含水率，按液固比为 20∶1 (L/kg) 计算出所需的浸提剂的体积，加入浸提剂，盖紧瓶盖后固定在震荡装置上，调节转速为（30±2）r/min，于（23±2）℃下振荡（18±2）h。在振荡过程中有气体产生时，应该定时的在通风橱中打开提取瓶，释放过度的压力。

（3）在压力过滤器上安装好滤膜，用稀硝酸淋洗过滤器和滤膜，弃掉淋洗液，过滤收集浸取液。

6. 使用相关仪器测定浸取剂中有毒物质的含量，如对于一般的重金属使用原子吸收光谱法进行测定

7. 注意事项

（1）为了提高实验精度，需严格控制试剂纯度。

（2）实验过程中做好自我保护，防止有毒物质接触皮肤。

五、实验结果

根据检测项目的要求，参照相关分析方法进行分析测定污染物的浓度，以浓度值是否超过允许值来判断其毒害性。

六、思考题

1. 固体废物浸出毒性实验的目的?
2. 为什么进行含水率测定后的样品，不得用于浸出毒性试验?

V　农作物秸秆制备活性炭

一、实验目的

1. 掌握废弃秸秆制备活性炭的原理和方法;
2. 学会使用马弗炉处理实验样品。

二、实验原理

我国是一个农业大国，农副产品十分丰富。据统计，我国农作物秸秆总产量超过 7 亿吨，其中稻草类 2.3 亿吨，小麦秸秆 1.2 亿吨，玉米秸秆 2.2 亿吨，其他农作物 2 亿吨。但秸秆的利用率却很低，仅占 5% 左右。为加快推进秸秆的综合利用，实现秸秆的资源化、商品化，促进资源节约、环境保护和农民增收，2008 年 7 月 27 日国务院办公厅发出"关于加快推进农作物秸秆综合利用的意见"，其主要目标是秸秆资源得到综合利用，解决由于秸秆废弃和违规焚烧带来的资源浪费和环境污染问题。

利用秸秆制备活性炭，既可节约资源，又可以制备出需求量大的活性炭。活性炭具有发达的空隙结构、大的比表面积和较好的吸附能力。如木炭的比表面积一般只有 $100 \sim 400 m^2/g$，而活性炭比表面积高达 $1000 \sim 3000 m^2/g$，它对气体、溶液中的有机或无机物质及胶体颗粒等有很强的吸附能力，在国防、化工、石油、纺织、污水处理及室内装饰等各方面得到越来越广泛的应用，与其他活性炭相比，木质活性炭产品纯度高、比表面积大、吸附性能好的优点更显突出。

实验以玉米秸秆为研究对象，以氯化锌为活化剂，采用化学活化法制备秸秆活性炭。具体过程如下：将干燥过的玉米秸秆作为原料，皮芯不分离粉碎，称取一定量粉碎过的玉米秸秆，然后加入一定量的活化剂和添加剂，室温下浸泡适当时间，然后在一定温度下活化，将得到的产品水洗，调整 pH，干燥，得到活性炭吸附剂。

三、实验材料

1. 材料

农作物秸秆（玉米秸秆）。

2. 溶液或试剂

3mol/L 氯化锌溶液、1+9 盐酸溶液。

3. 仪器或其他用具

剪刀、小刀、电子天平、烘箱、马弗炉、陶瓷坩埚等。

四、实验步骤

（1）取学校周边农家新收割玉米秸秆，自然晾干，并用小刀切成圆柱状或片状，备用。

（2）取上述一定质量的玉米秸秆浸渍于 3mol/L 氯化锌溶液中，充分浸泡后搅拌捣碎，浸渍 24h 后于 80℃ 下烘干。

（3）取出烘干后的样品，将其放入带盖的坩埚中，至于马弗炉中以 10℃/min 的升温速率升温至 600℃，保持 90min。

（4）待其冷却至室温后取出，先用 1：9 稀盐酸溶液洗涤，再用 70～80℃的去离子水反复冲洗至中性，之后干燥至恒重，经研磨并筛选出小于 200 目的活性炭备用。

五、实验结果

新制备的活性炭样品性能的检查：主要考察其碘吸附值（按 GB/T 12496.8—1999 测定）和亚甲基蓝吸附值（按 GB/T 12496.10—1999 测定）。

六、作业与思考题

1. 简述农作物秸秆制备活性炭的意义？
2. 简述农作物秸秆制备活性炭的一般实验方法？

实验三十五　微生物堆肥技术

一、实验目的

1. 通过好氧堆肥实验装置的建立和全过程参数检测，了解堆肥技术的典型过程及技术特征；
2. 通过已掌握的微生物群落检测、计数方法，了解堆肥不同过程的微生物学变化特征；
3. 掌握堆肥腐熟度检测方法之一的种子发芽率和发芽指数法。

二、实验原理

堆肥化（composting）是指依靠自然界广泛分布的细菌、放线菌、真菌等微生物，或是通过人工接种待定功能的菌，在一定工况条件下，有控制地促进可被生物降解的有机物向稳定的腐殖质转化的生物化学过程，其实质是一种生物代谢过程。废物经过堆肥化处理，制得的成品称堆肥（compost）。

好氧堆肥中底物的降解是细菌、放线菌和真菌等多种微生物共同作用的结果，在一个完整的好氧高温堆肥的各个阶段，微生物的群落结构演替非常迅速，即在堆肥这个动态过程中，占优势的微生物区系随着不同堆肥阶段的温度、含水率、好氧速率、pH 值等理化性质的改变进行着相应的演替。

本实验通过学生全过程参与好氧堆肥装置的建立和关键参数检测，了解作为有机废物无害化、资源化处理处置方法之一的堆肥技术的典型过程及技术特征，掌握堆肥关键参数的检测方法，主要包括以下 3 部分内容。

（1）堆肥过程特征参数检测分析：包括堆温、pH 值、气体成分和含量变化监测。

（2）堆肥过程微生物群落变化分析：采用平板计数法检测微生物种群的数量来研究高温阶段和堆肥腐熟阶段微生物种群结构和数量的变化，包括细菌、放线菌、真菌以及纤维素分解菌。

（3）堆肥腐熟度检测：堆肥腐熟度是指堆肥产品的稳定程度。判断堆肥腐熟度的指标包括物理学指标、化学指标（包括腐殖质）和生物学指标。其中简单的判断堆肥腐熟的方法包括以下几种。

1）根据外观和气味：在堆肥化过程中，物料的色度和气味的变化反映出微生物的活跃程度。对于正常的堆肥过程，随着进程的不断推进，堆肥物料的颜色逐渐发黑，腐熟后的堆肥产品呈黑褐色或黑色,气味由最初的氨味转变成土腥味。Sugahara 等提出一种简单的技术用于检测堆肥产品的色度,并回归出一关系式:

$$Y = 0.388 \times (C/N) + 8.13(R^2 = 0.749)$$

其中 Y 是响应值(颜色分析值);他们认为 Y 值为 11～13 的堆肥产品是腐熟的。使用该法时要注意取样的代表性。不过,堆肥的色度显然受其原料成分的影响,很难建立统一的色度标准以判断各种堆肥的腐熟程度。

2)根据发酵温度:前期发酵的终点温度(40～50℃)与有机质分解速率一样是微生物活动的尺度。温度的变化与堆肥过程中的微生物代谢活性有关,研究表明二者之间的关系可用如下关系式表示:

$$K_T = K_{20}\theta^{(T-20)}$$

式中 K_T、K_{20}——温度在 T、20℃时呼吸速率;

  θ——常数。

当微生物活动减弱时,热量的上升率也相应下降,导致堆肥的温度下降。但不同堆肥系统的温度变化差别显著。由于堆体为非均相体系,其各个区域的温度分布不均衡,限制了温度作为腐熟度定量指标的应用。国际上一些学者提出,某一堆肥系统在经过一次高温后,如果在最佳的工况条件下也不能再次升温,则可判断该系统基本达到腐熟。

3)种子发芽指数(GI):未腐熟的堆肥含有植物毒性物质,对植物的生长产生抑制作用。因此,考虑到堆肥腐熟度的实用意义,植物生长实验应是评价堆肥腐熟度的最终和最具说服力的方法。一般来讲,当堆肥水浸提液 cress 种子发芽指数(GI)达到或超过 50% 时,可以认为堆肥已基本腐熟,对于种子的发芽基本无毒性。本实验中用黑麦草种子发芽指数对秸秆和厨余废物好氧堆肥产物的植物毒性进行评判和比较。

三、实验材料

1. 材料

样本 1:为处于高温阶段的堆肥;

样本 2:为处于稳定期(腐熟度)的堆肥。

2. 培养基

牛肉膏蛋白胨培养基配方如下:

牛肉膏	3.0g
蛋白胨	10.0g
NaCl	5.0g
水	1000mL
pH 值	7.4～7.6

高氏 I 号培养基的配方如下:

可溶性淀粉	20g
NaCl	0.5g
KNO₃	1g
$K_2HPO_4 \cdot 3H_2O$	0.5g
$MgSO_4 \cdot 7H_2O$	0.5g
$FeSO_4 \cdot 7H_2O$	0.01g

琼脂	15～25g
水	1000mL
pH 值	7.4～7.6

马丁氏培养基的配方如下：

KH_2PO_4	1g
$MgSO_4 \cdot 7H_2O$	0.5g
蛋白胨	5g
葡萄糖	10g
琼脂	15～20g
水	1000mL
pH 值	自然

此培养液 1000mL 加 1％孟加拉红水溶液 3.3mL。临时用以无菌操作 100mL 培养基加入 1％的链霉素 0.3mL，使其终质量浓度为 30μg/mL。

赫奇逊（Hutchinson）氏培养基配方如下：

KH_2PO_4	1g
$FeCl_3$	0.001g
$MgSO_4 \cdot 7H_2O$	0.3g
$CaCl_2$	0.1g
NaCl	0.1g
$NaNO_3$	2.5g
琼脂	18g
水	1000mL
pH 值	7.2 左右

将灭菌后融化的上述培养基倒入培养皿，凝固后在平板表面放一张无菌的无淀粉滤纸，用刮刀涂抹表面使其紧贴培养基表面。

3. 仪器或其他用具

恒温生化培养箱、干燥箱、恒温摇床、pH 计、灭菌锅、菌落计数仪、电子天平、培养皿、试管、玻璃三角瓶、移液管、玻璃刮刀、白瓷板、（温度、氧气）在线监测式好氧堆肥反应器等。

四、实验步骤

1. 堆肥过程特征参数的监测与分析

（1）100L 堆肥反应器的准备。样本 1 为处于高温阶段的堆肥，样本 2 为处于稳定期（腐熟度）的堆肥。堆料为 6∶4∶1（重量比）的花卉秸秆、蔬菜废物和土壤。

（2）堆温检测。用温度探头检测堆体中部的温度，并从数字控制显示器读取数据，监测时间为每隔 6h 一次（每天 15、21、3、9h），持续过程为 16 次（4d）。

（3）堆料 pH 值变化。从堆体中取出 10g 样，用蒸馏水配成固液比 5％的悬浮液，摇床振荡 10min 后左右，用 pH 计检测。

（4）堆体出气口 O_2 和 CO_2 变化：将气体监测仪的探头深入反应器的出气口 15cm 处，从仪器的显示器读取稳定后的数据，监测时间为每隔 6h 一次（每天 15、21、3、9h），持续过程为 16 次（4d）。

2. 平板稀释法检测不同堆肥微生物区系

（1）以无菌操作称取 25g 堆肥样品，放入装有 225mL 灭菌生理盐水的灭菌锥形瓶内，于 200r/min 恒温摇床中震荡 15～20min，制成 1∶10 样品匀液（悬浊液）。

（2）将样品进一步做倍比稀释，即用灭菌吸管吸取 5mL 样品，放入装有 45mL 灭菌生理盐水的灭菌锥形瓶内，经充分振摇制成 1∶10 样品匀液。同时进行逐级稀释，直至获得适宜的稀释度。

（3）取不同稀释度的稀释液 0.1mL 均匀滴于不同的选择性培养基上，用玻璃刮刀使其均匀涂布于培养基表面，分别计数细菌（牛肉膏蛋白胨培养基）、放线菌（高氏Ⅰ号培养基）和真菌（马丁氏培养基）的数目。

（4）将涂布接种后的平板倒置在适温培养箱中培养 3～5d，选取菌落分布均匀且平均菌落数在 30～300 之间者进行计数。

（5）另称取 25g 样品，置于 105℃ 下烘干至恒重，算出样品的含水率，用干重表示底物中的含菌量：

$$每克干物质的含菌数＝每克新鲜物质中的菌数×含水率$$

3. 试管 MPN 法检测纤维素分解菌的种群密度

（1）将样品按上述方法进行逐级稀释后，取不同稀释度的稀释液 1mL，无菌操作接种于装有已灭菌的 9mL 赫奇逊（Hutchinson）氏培养基（培养好气性纤维素分解菌）中。每个稀释度的重复接种 3 管。

（2）30℃ 恒温培养 14d，检查各试管中滤纸条上出现的菌落、滤纸的断裂情况和滤纸上产生的色素和黏液，记录观察结果。有明显的微生物生长和滤纸条断裂的试管记为"＋"结果。

（3）MPN 的计算：MPN 法又称最可能数法或最近似值法，是用统计学方法来计算样品中某种待测菌含量的一种方法。此方法适用于那些利用平板培养法不能进行活菌计数，却很容易在液体培养基中生长并被检测出来的微生物。其计算原理遵循常规查表法中的 Ziegler 方程。本实验采用 MPN 法检测堆肥不同阶段纤维素分解菌的种群密度。

4. 堆肥腐熟度检测

种子发芽率试验的具体操作步骤如下。

（1）堆肥水浸提液按鲜样∶蒸馏水为 1∶10 的体积比例震荡 30min，离心（5000r/min）过滤后上清液储藏于塑料瓶中备用。

（2）在培养皿中放入相同直径的滤纸一张，灭菌后均匀洒入 15 颗浸泡后的黑麦草种子，注入 10mL 的沤肥产物稀释物，取注入无菌去离子水的实验作为对照，在 28℃ 下培养 1 周，统计根长和发芽率，发芽指数 GI 用下式计算：

$$GI（％）＝\frac{处理的种子发芽率×种子根长}{对照的种子发芽率×种子根长}×100$$

五、实验数据

1. 堆肥过程微生物区系变化特征分析

根据平板计数法的相关规则，对 C2 组数据进行处理，可得表 35-1。

表 35 - 1　　　　　　　　　　　腐熟期微生物的种群密度

指标	牛肉膏蛋白胨（总细菌）	高氏 I 号（放线菌）	马丁氏（真菌）	赫奇逊氏（好气性纤维素分解菌）
25g 样品的含菌数				
每克新鲜物质的含菌数				
每克干物质中的种群数量				

2. 堆肥腐熟度检测

在堆肥前和堆肥后分别测定含水率及有机质含量见表 35 - 2。

表 35 - 2　　　　　　　　　　堆肥前后含水率及有机质含量

	含水率	有机质含量
堆肥前		
堆肥后		

分析堆肥前后含水率变化，有机质含量，但由此并不能判断堆肥的腐熟及稳定化程度，还需要进行腐熟度检测。

3. 堆肥腐熟度检测

种子发芽实验可以直观地判断堆肥腐熟情况。植物在未腐熟的堆肥中生长受到抑制，而在腐熟的堆肥中则生长得到促进。堆肥的腐熟水平可以用植物的生长量表示。未腐熟堆肥的植物毒性主要来源于乙酸等低分子量有机酸和大量的氨、多酚等物质。

六、作业与思考题

1. 绘制堆肥过程特征参数曲线图，包括好氧堆肥过程温度监测及变化特征图、好氧堆肥过程 pH 监测及变化特征图、好氧堆肥过程出气口 O_2 和 CO_2 监测变化特征图和上述特征参数变化与堆体微生物反应的关系图。

2. 对上述绘制的曲线图进行特征阶段变化原因分析。

实验三十六　室内甲醛的微生物去除

一、实验目的

1. 了解室内甲醛污染的现状和危害；
2. 了解利用微生物法去除室内甲醛；
3. 学习掌握甲醛高效降解菌株的分离鉴定及性质研究的原理和方法。

二、实验原理

微生物法净化甲醛废气是微生物以甲醛为其生长的碳源和能源而将其氧化、降解为无毒、无害的无机物的方法。国内外都有关于甲醛降解菌的报道，目前发现有甲醛代谢能力的主要为甲基营养型细菌，也有一些真菌和非甲基营养菌。

甲醛在微生物中的代谢途径，主要分为同化作用途径和异化作用途径两大类。同化作用包括丝氨酸途径和核酮糖单磷酸途径（RuMP）。丝氨酸途径是将甲醛的碳分子转移到四氢叶酸上形成亚甲基四氢叶酸，然后与甘氨酸结合形成丝氨酸。同化的另一条途径——RuMP途径开始于甲醛和 5-磷酸核酮糖（RuMP）的缩合反应，最终生成磷酸二氢丙酮（DHAP）。甲醛的异化作用一般指甲醛的氧化途径。最简单的甲醛氧化途径为通过甲醛脱氢酶将甲醛转化为甲酸，而后反应生成 CO_2 和 H_2O。另一种甲醛氧化途径为环化氧化途径，甲醛与 C_5 受体分子结合形成 C_6 化合物进入代谢循环。

本实验通过甲醛降解菌的富集和纯培养分离一株甲醛降解细菌，对甲醛降解细菌的培养代谢条件进行优化。

三、实验材料

1. 材料

采集：在污水处理厂生物池进水口和出水口采集印染废水。

2. 溶液与试剂

甲醛 37%～40%、葡萄糖、麦芽糖、淀粉、木糖、乳糖、蔗糖、甲苯、四氯化碳、无水乙醇、硫酸镁、七水硫酸亚铁、琼脂粉、磷酸氢二钾、磷酸二钾氢、二合水氯化钙、硫酸锰、乙酸铵、冰乙酸、乙酰丙酮、氯化铵、均为分析纯。

AxyPrep 细菌基因组 DNA 小量制备试剂盒，Axygen，AP-MN-BT-GDNA-50DNA 凝胶回收试剂盒、Taq DNA 聚合酶、DNA marker、琼脂糖、缓冲液、EB 溶液、Loading Buffer、Marker（分为 500bp 和 2000bp 两种）、双蒸水、无菌水、Mix（分为进口和国产两种）、多种引物、TE buffer、溶菌酶 Iysozyme（－20℃保存）、Buffer BTL、玻璃珠、蛋白酶 K Proteinase K、RNase A（－20℃保存）、Buffer BDL、无水乙醇（96%～100%）、Buffer HB、DNA 洗涤缓冲液 DNA Wash Buffer、洗脱液 Elution Buffer（65℃预热）。

乙酰丙酮溶液：50g 乙酸铵，6mL 冰乙酸及 0.5mL 乙酰丙酮试剂溶于 100mL 水中。此溶液储存于冰箱，4℃冷藏可保持一月。

甲醛标准使用液：在容量瓶中将甲醛逐级用蒸馏水稀释成每毫升含 $10\mu g$ 甲醛的标准使用溶液。临用时现用现配。

3. 培养基

液体基本培养基配方如下：

K_2HPO_4	2.16g
KH_2PO_4	0.85g
NH_4Cl	1.05g
$MgSO_4$	0.1g
$MnSO_4 \cdot H_2O$	0.05g
$FeSO_4 \cdot 7H_2O$	0.01g
$CaCl_2 \cdot 2H_2O$	0.03g
水	1000mL
pH 值	7

配制固体培养基：在基本培养基中按照 10g/L 加入琼脂粉，以甲醛作为唯一碳源。所有用到的培养基都要经过 121℃ 高压蒸汽灭菌处理。

4. 仪器或其他用具

锥形瓶、刻度比色管、培养皿、容量瓶、移液枪、紫外分光光度计、恒温摇床、生化培养箱、高倍显微镜、盖玻片、载玻片、无菌操作台、水浴锅、无菌枪头、离心管、2mL 收集管、PCR 仪、离心机、凝胶成像系统。

四、实验步骤

1. 实验方法

甲醛的化学性质十分活泼。因此，可采用多种定量分析方法测定甲醛。目前，空气中甲醛的测定方法有滴定分析法、分光光度法、色谱法、比色法和电化学法等。电化学分析法存在干扰多、不稳定等问题，所以使用的相对较少。游离甲醛浓度较高时采用滴定分析法进行定量分析，而微量甲醛的分析一般则采用分光光度法、色谱法等。尤以分光光度法方便实用。本实验参照国标《GB/T 13197—1991 的乙酰丙酮分光光度法》对甲醛浓度进行测定。

（1）甲醛标准曲线的绘制。分别取 0、0.50、1.00、3.00、5.00、8.00mL 的 $10\mu g/mL$ 甲醛标准使用溶液加到 6 个 50mL 的比色管中，然后加蒸馏水定容至 25mL。在所有比色管中分别加入 2.50ml 乙酰丙酮溶液，颠倒数次摇匀。再于 60℃ 的恒温水浴锅中浴热 15min，取出后用冷水冷却至室温。在紫外 414nm 下测定其吸光度。根据浓度对应的吸光度绘制标准曲线。

（2）样品中甲醛浓度的测定。参照国标《GB/T 13197—1991 的乙酰丙酮分光光度法》测定。原理是利用了甲醛与乙酰丙酮以及氨生成黄色物质——3，5 -二乙酰基-1，4-二氢卢剔啶后，进行分光光度测定。甲醛与乙酰丙酮及氨的反应式为

$$HCHO + 2CH_3COCH_2COCH_3 + NH_3 \longrightarrow \underset{\underset{H}{N}}{\overset{CH_3COCH_2 \diagdown \diagup CH_2COCH_3}{\bigcirc}} + 3H_2O$$

取数支 2mL 的离心管，分别加入 2mL 的样品菌液，于离心机中进行固液分离，然后分别取 1.50mL 样品溶液上清液加入数支 50mL 具塞比色管中，加蒸馏水定容至 25mL。然后在所有比色管中分别加入 2.50mL 乙酰丙酮溶液，颠倒数次摇匀。再于 60℃ 的恒温水浴锅中浴热 15min，取出后用冷水冷却至室温。用 10mm 比色皿，在波长 414nm 处，以蒸馏水为参比测量吸光度。

然后从校准曲线上查出试样中甲醛的含量。根据测量降解前后甲醛浓度值，考察菌株降

解溶液中甲醛的性能：

$$降解率（\%）=（1-A_1/A_0）\times100$$

式中　A_0、A_1——降解前后的甲醛浓度值。

2. 甲醛降解菌的富集

用移液枪分别从 3 个源菌种液中各取 3mL 菌液接种于含 100mL 基本培养基的 250mL 锥形瓶中，每个源菌种各做一个平行样，并取未接种细菌的培养基作为对照，用以考察甲醛自然挥发所造成的误差。用甲醛作为唯一碳源进行甲醛降解菌的筛选富集，然后将锥形瓶放置在恒温摇床上，条件为 30℃、150r/min。每隔 24h 根据《乙酰丙酮分光光度法》测定样品中的剩余的甲醛浓度，甲醛起始浓度为 600mg/L，当甲醛降解菌为降解效率稳定后，根据甲醛的降解情况对样品内甲醛的起始浓度进行提高，将甲醛浓度从 600mg/L 逐步提高到 2100mg/L。反复多次。

3. 甲醛降解菌的分离纯化

在菌种的富集基础上，选择长势较好菌液试样，取 100μL 的菌液于 1.5mL 的离心管中稀释为 $10^{-2}\sim10^{-5}$ 的梯度，然后用移液枪移取 200μL 菌液，将其均匀涂布于以甲醛作为唯一碳源的固体培养平板上，并用无菌水做对照。固体培养基即为在基本培养基中加入琼脂粉，约为 10g/L，灭菌后加入甲醛溶液，使培养基中的甲醛浓度为 600mg/L，然后将其倒入培养皿，待培养基凝固后，在固体培养基表面上涂抹浓度为 600mg/L 的甲醛溶液约 200μL。正面培养 2h 后，将平板倒置于 30℃的生化培养箱中，培养约 72h。然后将长势较好的菌落接种于基本培养基中，重复分离多次。记录其菌落颜色，形态，大小，光滑程度。然后做单菌培养研究。

4. 甲醛降解菌降解条件的优化

（1）C/N 比对细菌的影响。细菌筛选过程中前期为了使得细菌迅速增长，并且数量增多，加入外加碳源——葡萄糖，这个过程中仍然加入 600mg/L 浓度的甲醛。碳氮比对细菌的生长增殖有一定影响。将碳氮比划分为几个梯度：1∶4、1∶8、1∶12、1∶24。氮源暂时用基本培养基中的 NH_4Cl。葡萄糖的加入量固定为 0.1g，然后测定甲醛降解率。从而选出最合适的碳氮比，为后面的外加碳源的选取提供依据。

（2）外加碳源对甲醛降解菌生长增殖的影响。选取常见的碳源为外加碳源，观察分析主要有葡萄糖、蔗糖、乳糖、木糖、淀粉、麦芽糖。在 250mL 锥形瓶中加入 100mL 基本培养基，称量相同质量的碳源，以 1g/L 葡萄糖为标准，并按照最适的碳氮比量加入 NH_4Cl，用封口膜和橡皮筋将其封好，121℃高压灭菌。用移液枪移取 3mL 菌液加入，并加入600mg/L 的甲醛，将培养基放置于恒温摇床振荡培养。每 24h 测定其甲醛剩余浓度的吸光度，以选择较佳的外加碳源。

（3）外加碳源的浓度对甲醛降解的影响。在选择较佳外加碳源的基础上，再考察外加碳源添加量对甲醛降解细菌降解甲醛的影响，外加碳源浓度分别设定成 0 g/L、0.5g/L、1.0g/L、1.5g/L、2.0g/L、2.5g/L，用移液枪移取 3mL 新鲜的菌液，并取未接种细菌的培养基作为对照，用以考察甲醛自然挥发所造成的误差。分别在每个锥形瓶中加入等量的甲醛溶液，培养基甲醛浓度为 600mg/L，用封口膜和橡皮筋将锥形瓶封闭好，然后将锥形瓶置 30℃ 150r/min 恒温摇床培养，24h 后测定培养基中甲醛浓度，从而计算甲醛降解率，以选择较佳的外加碳源量。

5. 菌种观察与鉴定

（1）高倍显微镜下初步观察。用移液枪移取少量菌液在载玻片上，盖上盖玻片，在 100 倍油镜下观察细菌的形态。初步认识甲醛降解菌的形态，以及细菌的大概存活状况，以便后续试验。

（2）分子生物学鉴定。

1）DNA 的提取。

a. 用 2mL 离心管收集 1.0×10^9（1 mL 菌液 OD_{600} 为 $1 \sim 1.5$）的细菌培养物，12 000r/min 离心 30 s，弃尽上清。用 $150 \mu L$ 已加入 RNase A 的 Buffer S 悬浮沉淀。

b. 加入 $20 \mu L$ 溶菌酶储存液，混合均匀，室温静置 5 min。

c. 加入 $30 \mu L$ 0.25mol/L EDTA（pH 8.0），混合均匀，冰浴 5 min。

d. 加入 $450 \mu L$ Buffer G-A，旋涡震荡 15s，65℃水浴 10 min。

e. 加入 $400 \mu L$ Buffer G-B 和 1mL Buffer DV（4℃预冷），用力混合，12 000 r/min 离心 2min。

f. 尽可能丢弃上相，保留相间沉淀和下相。加入 1mL 4℃预冷 Buffer DV，用力混合，12 000 r/min 离心 2min。

g. 丢弃上相，将下相转移至滤器（滤器置于 2mL 离心管中）。12 000 r/min 离心 1min。

h. 弃滤器，在滤液中加入 $400 \mu L$ Buffer BV，混合均匀。

i. 将制备管置于 2mL 离心管中，将步骤 8 中的混合液移入制备管中，12 000 r/min 离心 1min。

j. 弃滤液，将制备管置回到原 2mL 离心管中，加入 500 μL Buffer W1，12 000 r/min 离心 1min。

k. 弃滤液，将制备管置回到原 2mL 离心管中，加入 700 μL Buffer W2，12 000 r/min 离心 1min。

l. 以同样的方法再用 $700 \mu L$ Buffer W2 洗涤一次。

m. 弃滤液，将制备管置回到原 2mL 离心管中，12 000r/min 离心 1min。

n. 将制备管置于另一洁净的 1.5mL 离心管中，在 silica 膜中央加 $100 \sim 200 \mu L$ Eluent 或去离子水，室温静置 1min。12 000 r/min 离心 1min 洗脱 DNA。

2）16S rDNA 序列的 PCR 扩增。

3）PCR 产物测序。

4）通过 NCBI 数据库进行 BLAST 比对，找出菌株的种属。

五、作业与思考题

1. 绘制曲线分析甲醛降解菌种降解甲醛的效率。

2. 设计简易装置，将筛选出的高效甲醛降解菌种用来去除室内甲醛。

参 考 文 献

[1] 沈萍，范秀荣，李广武．微生物学实验 ［M］．3 版．北京：高等教育出版社，1999.

[2] 程丽娟，薛泉宏．微生物学实验技术．2 版．北京：科学出版社，2012.

[3] 史家樑，徐亚同，张圣章．环境微生物学 ［M］．上海：华东师范大学出版社，1993.

[4] 祖若夫，胡宝龙，周德庆．微生物学实验教程 ［M］．上海：复旦大学出版社，1993.

[5] 钱存柔，黄仪秀等．微生物学实验教程 ［M］．北京：北京大学出版社，1999.

[6] 黄秀梨．微生物学实验指导 ［M］．北京：高等教育出版社，1999.

[7] Sambrook J，Russell D W. Molecular Cloning ［M］．3rd ed. Cold Spring Harbor Laboratory Press，2001.

[8] F. 奥斯伯，R. 布伦特，R. E. 金斯顿，等．精编分子生物学实验指南 ［M］．颜子颖，王海林译．北京：科学出版社，2001.

[9] 南京大学环境科学系环境生物学教研室编．环境生物学实验技术与方法 ［M］．南京：南京大学出版社，1989.

[10] NELIS H，POUCKE S V. Enzymatic detection of coliforms and Escherichia coli within 4 hours ［J］．Water Air and Soil Pollution，2000 (123)：43-52.

[11] J. 萨姆布鲁克，D. W. 拉塞尔．分子克隆实验指南 ［M］．3 版．黄培堂译．北京：科学出版社，2002.

[12] 程树培主编．环境生物技术实验指南 ［M］．南京：南京大学出版社，1995.

[13] 陈金东，单祥年，严明，等．快速提取肠道病毒 RNA 用于逆转录聚合酶链反应 ［J］．中华医学检验杂志，1994，17 (4)：229-231.

[14] 袁长青，李君文，李平．水中病毒浓集与回收的研究进展 ［J］．中国公共卫生，1998，14 (1)：61-62.

[15] 翁康生，陆晔，刘国星，等．分子生物学技术检测水中病毒 ［J］．中国卫生检验杂志，2002，12 (5)：630-631，525.

[16] 胡鸿雁．饮用水源水中肠道病毒的检测方法 ［J］．环境科学与技术，2000 (2)：27-28.

[17] 郭仁友，赵文彬，李永明，等．水厂源水与出厂水肠道病毒污染状况研究 ［J］．江苏预防医学，1997 (2)：4-5.

[18] 张瑞福，曹慧，崔中利，等．土壤微生物 DNA 的提取方法研究 ［J］．微生物学报，2003，43 (2)：276-282.

[19] GEORGE S，RAJU V，SUBRAMANIAN T V，et al. Comparative study of protease production in solid substrate fermentation versus submerged fermentation ［J］．Bioprocess Engineering，1997 (16)：381-382.

[20] MARSH A J，STUART D M.，MITCHELL D A，et al. Characterizing mixing in a rotating drum bioreactor for solid-state fermentation ［J］．Biotechnology letters，2000 (22)：473-477.

[21] 翁稣颖，等．环境微生物学 ［M］．北京：科学出版社，1985.

[22] 李习武，刘志培．石油烃类的微生物降解 ［J］．微生物学报，2002，42 (6)：764-767.

[23] 杨国栋．污染土壤微生物修复技术主要研究内容和方法 ［J］．农业环境保护，2001，20 (4)：286-288.